DeMente 2

Dos cabezas piensan más que una

CEREBROS
DE
BOLSILLO

Colección Cerebros de Bolsillo

Colección Cerebros de Bolsillo

El Centro Interdisciplinario de Neurociencia de Valparaíso y la editorial Catalonia crean esta nueva colección -*Cerebros de Bolsillo*- para que, como su nombre lo indica, podamos llevar todo el tiempo una parcela del conocimiento como parte de nuestro ropaje. Creemos profundamente que la ciencia es parte de la cultura y es así como se hace un deber del científico llevarla al público en general de una manera amena y entendible sin disminuir su contenido. ¡Menuda labor nos hemos impuesto! Pero qué más alegría nos puede dar este trabajo al poder transmitirle a toda la gente el placer de conocer los lados más misteriosos y fascinantes del funcionamiento de los seres vivos.

Centro Interdisciplinario de Neurociencia de Valparaíso
CINV

DeMente 2

Dos cabezas piensan más que una

Autores:
Adolfo Agurto, Juan Ahumada, Hugo Almarza, Daniel Álvarez, Hernán Álvarez, Juan José Alvear, Carlos Ancatén, David Ballesteros, Mateo Barría, Bárbara Cádiz, Víctor Calbiague, Sandra Cárdenas, Antonia Cavieres, Javier Cavieres, Macarena Churruca, Constanza Contreras, Evelyn Cordero, Daniela De Giorgis, Scarlett Delgado, Alejandra Díaz, Tania Dib, Maximiliano Elgueta, Claudia García, Enrique García, Francisca García, Camila González, Jorge González, Cristóbal Ibaceta, Ariane Luttecke, Paula Mujica, Joel Novoa, Jesús Olivares, Nicolás Palanca, Ronakarina Pires, Christian Poblete, Sandra Reyes, Nicole Sanguinetti, Patricio Soto, Kiyoko Suzuki, Felipe Tapia, Maia Zabel.

Editores:
Oliver Schmachtenberg y Jesús Olivares

CEREBROS DE BOLSILLO

CENTRO INTERDISCIPLINARIO DE Neurociencia de Valparaíso

Catalonia

Centro Interdisciplinario de Neurociencia de Valparaíso CINV

DeMente 2. Dos cabezas piensan más que una

Santiago de Chile: Catalonia, 2020
248 pp. 15 x 23 cm
ISBN: 978-956-324-821-0

CIENCIAS
500

Ilustración y diseño de portada: Alberto Montt
Diagramación: Salgó Ltda.
Impresión: Salesianos Impresores S.A.
Dirección editorial: Arturo Infante Reñasco

EDITORES (CINV)
Oliver Schmachtenberg, Jesús Olivares
EDICIÓN GENERAL
Carmen Rodríguez, Luz María Alvarado
COMITÉ EDITORIAL
Ramón Latorre, Juan Carlos García, Héctor Cossio

Esta publicación fue elaborada por el Centro Interdisciplinario de Neurociencia de Valparaíso, perteneciente a la Universidad de Valparaíso, Chile.

Cofinanciado con recursos de la Iniciativa Científica Milenio de la Agencia Nacional de Investigación y Desarrollo (ANID) del Ministerio de Ciencia, Tecnología, Conocimiento e Innovación de Chile.

Primera edición: diciembre 2020
ISBN: 978-956-324-821-0
RPI: código solicitud rzxb41 (13/11/2020)

Santa Isabel 1235, Providencia
Santiago de Chile
www.catalonia.cl Twitter: @catalonialibros

Agradecimientos

Toda obra es el resultado de muchos actores, no solo de aquellos directamente involucrados en ella y, por lo tanto, se hace indispensable reconocer aquellos y aquellas que desde su anonimato la hacen posible. Este libro debe no poco a todas y todos lectores y lectoras que, a través de su apreciación del primer volumen, *De Mente. El cerebro, un hueso duro de roer,* nos dieron el empuje para producir el segundo volumen de esta saga, Todos aquellos y aquellas que participaron de manera directa o indirecta en su elaboración y difusión de ese primer tomo fueron fundamentales en su éxito.

No menor es el papel que ha jugado el Centro Interdisciplinario de Neurociencia de la Universidad de Valparaíso (CINV), cuyo compromiso con el desarrollo de ciencia y de la divulgación del conocimiento, ha hecho posible que este tipo de iniciativas innovadoras puedan llevarse a cabo. Sus alianzas con diferentes sectores de la sociedad han permitido llegar a un público cada vez más extenso, en Chile y el resto de América latina.

También agradecemos a la Universidad de Valparaíso, el alma mater que alberga al CINV, que ha permitido el desarrollo de la investigación y los postgrados científicos, sin los cuales este libro no podría haber sido creado.

A la editorial Catalonia, cuyo compromiso con la divulgación científica no solo ha traído como resultado esta segunda publicación, sino además ha hecho posible la creación de la colección CINV-Catalonia, con el objetivo de entregar el conocimiento científico a toda la sociedad, de manera cercana pero rigurosa. Cada año se publican cerca de tres millones de artículos científicos en el mundo, siendo solo un porcentaje mínimo de este enorme caudal de información, el que llega a la población no científica. Los estudiantes de Magíster y Doctorado en Ciencias, mención Neurociencia de nuestra universidad han entregado parte de su tiempo en este taller en la elaboración de los artículos que componen este libro, siempre con la idea clara de poner a disposición de toda la sociedad los últimos avances de la neurociencia en un lenguaje comprensible por todos y todas - a ellos agradecemos de manera especial su labor.

Agradecemos a *El Mostrador*, primer diario electrónico de Chile, que desde el año 2014 ha publicado los artículos del taller *NeuroNews* a través de su sección "*Los secretos del cerebro*", generando cientos de miles de lecturas, demostrando con esto que la sociedad entera está deseosa de entender mejor como funciona nuestro sistema nervioso.

Por último, debemos destacar que, de no ser por el permanente compromiso y respaldo durante todos estos años de la Iniciativa Científica Milenio, programa de la Agencia Nacional de Investigación y Desarrollo (ANID), perteneciente del Ministerio de Ciencia, Tecnología, Conocimiento e Innovación de Chile, esta obra de divulgación de la neurociencia no podría estar viendo la luz en este momento.

Los editores

ÍNDICE

Prólogo
Lo nuevo se teje en lo viejo

¿Interesado en las neurociencias o aficionado a ellas? Solo interesado, tengo que decirlo, lo cual significa que me falta mucho aún para llegar a ser un aficionado, o eso que también se llama un diletante. Un aficionado, un diletante, y eso en cualquier campo, saben ya algo de él, mientras que un simple interesado es aquel que se acerca a algo sin saber nada de él y solo porque se da cuenta de su valor e importancia, de su utilidad y de su provecho. Es desde esa condición de interesado que he seguido con gran interés el desarrollo que ha tenido en mi universidad –la Universidad de Valparaíso– el Centro Interdisciplinario de Neurociencia de Valparaíso, cuya definitiva instalación en el barrio de La Matriz de nuestro Puerto todos esperamos con expectación y algo de impaciencia. Una instalación demorada por causas de diferente índole y que no ha podido sobreponerse del todo a la burocracia y falta de coordinación de los organismos públicos comprometidos en una empresa semejante. En ese barrio hay ya varias otras iniciativas tanto consolidadas como en curso, que corresponden al mundo privado y a la sociedad civil, y que están aportando a la recuperación del sector. Allí están, desde hace mucho tiempo, el Mercado Puerto, el Edificio Liberty, el Edificio Astoreca, el Palacio Subercaseuax, el Consulado de Austria, junto a antiguos comercios que perviven estoicamente, resistiendo el relativo abandono de un sector al que siempre ha faltado un plan de acción integral que logre revertir su progresivo deterioro. La llegada allí del Centro Interdisciplinario de Neurociencia encontrará una buena compañía, luego de que se resuelva, ojala pronto, el hallazgo, en el inmueble de construcción del Centro, de osamentas y piezas arqueológicas de gran significado para la historia de Valparaíso.

Si se me excusa por continuar expresándome en primera persona, tuve el agrado, en 2018, de presentar el libro *DeMente*, editado por ese

Centro, cuyo subtítulo es "El cerebro, un hueso duro de roer", y que en palabras de Ramón Latorre, Premio Nacional de Ciencias y Director e inspirador del Centro, contiene "una selección de los mejores artículos que abarca todos los aspectos de la neurociencia, desde sus bases moleculares hasta sus implicancias para la sociedad". Un libro sencillo, que no simple, didáctico, esclarecedor, y que ayuda a responder preguntas tales como por qué soñamos, por qué sentimos dolor, por qué nos gusta la música, cómo podemos entrenar y proteger el cerebro humano, o cómo sería posible llegar a curar una enfermedad como el Alzeimer o un trastorno como el autismo.

Pues bien, ahora tengo la tarea de redactar un prólogo para un nuevo libro, un segundo *DeMente*, subtitulado "Dos cabezas piensan más que una", y lo hago siempre desde mi perpleja y a la vez fascinada condición de interesado en un saber y en unas tecnologías que podrían llegar a modificar la idea que tenemos de la especie humana y de su futuro desarrollo. Nuestra especie, resultado de un proceso de evolución exitoso, parece encontrarse a las puertas de ponerse ella misma, no ya el azar, al frente de su futura evolución, si bien todo esto ocurre en medio de una pandemia que azota al planeta de una manera inmisericorde y difícil de controlar. Sueños de grandeza, por una parte, y cable a tierra, por otra; grandes expectativas y, a la par, un serio golpe a nuestra autoestima como especie; por un lado, transhumanismo y, por el otro, extrema vulnerabilidad.

Sin ir más lejos, este nuevo libro abre con un relato acerca de la Optogenética, palabra con la que se designa un método de estimulación cerebral que modifica genéticamente algunas neuronas para hacerlas sensibles a la luz, con el fin de poder activarlas mediante destellos luminosos, y concluye con otro relativo al GPS de nuestro cerebro, lo cual puede dar una idea de la atractiva novedad de la obra que tenemos ahora a la vista. Entre ambos textos, una extensa lista de breves relatos, atingentes, entre varios asuntos, a qué tan inteligentes pudieron ser lo dinosaurios, a si es o no posible revivir el cerebro, a las neuronas de la sed y a la frecuencia de la picazón contagiosa, a las neuronas que nacen en el cerebro de un adulto, a la posibilidad de crear neuronas, a la sensibilidad de las plantas, a lo que tienen en común los ostiones y los telescopios, a las modificaciones cerebrales que pueden causar los celulares, a cómo ataca al cerebro el CoronaVirus, a la hormona que hace retroceder el deterioro mental, y al reloj cerebral que controla la agresividad.

No siendo posible detenerse en todos los relatos, lo hago en el que se llama *La magia de la música triste*. ¿Por qué será que nos gustan las canciones tristes? Pues bien: la respuesta está en nuestro cerebro. Un estudio realizado por científicos de la Universidad Libre de Berlín mostró que la música triste genera pulsiones de actividad y pensamientos introspectivos en el cerebro, los que pueden potenciar capacidades para la resolución de problemas para la creatividad e incluso para combatir la depresión. ¿Música triste para combatir la depresión? Así de complejas pueden ser las cosas que atañen a nuestro cuerpo y su funcionamiento. Simplemente, la música triste, haciéndonos conscientes de la tristeza ajena, aminora la propia o permite entenderla como una condición insalvable de toda nuestra especie. Entonces, un enamorado que acaba de ser apartado por su pareja, y que se encuentra muy triste, podría mejorar algo si se alejara cantando, como en el bolero, "Entonces yo daré la media vuelta, y me iré con el sol, cuando muera la tarde...".

Los textos que componen este libro fueron escritos por estudiantes de pregrado, de Magister o Doctorado en Neurociencia de la Universidad de Valparaíso, y tienen la virtud de despertar nuestra curiosidad, o de satisfacerla, a fin de conocer no poco de asuntos en los que el conocimiento científico avanza aceleradamente y del lenguaje que sustenta tales avances. Este último suele sonar extraño en oídos de quienes no estamos familiarizados con él, y otra de las bondades de este libro es que cada uno de los textos concluye con un breve glosario de los términos científicos más importantes que han sido empleados por los distintos autores. Las palabras importan, siempre importan, puesto que con ellas pensamos, nos comunicamos, y hasta hacemos cosas con las palabras. Con ellas atrapamos la realidad y damos cuenta de esta, compartiéndola con los demás. Perder palabras, en consecuencia, es perder las cosas que ellas designan, mientras que ganar palabras es ampliar nuestra comprensión de la realidad. Gracias entonces a los autores por sus textos, y gracias también por habernos puestos por delante algunas palabras que no conocíamos y los significados que ellas tienen.

De más está decir que los textos pueden leerse en cualquier orden, en el que elija cada lector, guiándose para ello por el título de los mismos, títulos por lo demás muy atractivos, muy incitantes también, de modo que se puede ir saltando de uno a otro, crecientemente maravillados con lo que cada uno de ellos explica. La ciencia abre los ojos y nos muestra la complejidad de lo que somos y de la biodiversidad del mundo que habitamos, certificando que la especie humana no es centro ni amo del universo, sino que lo es la vida, la vida en sus diversas expresiones. De allí que Albert Einstein haya escrito un breve libro que tituló *Reverencia por la vida*, y no solo por la vida humana, sino por la riquísima variedad de vida del planeta en que nos encontramos y, quizás, fuera de él.

El Centro Interdisciplinario de Neurociencia de Valparaíso puede estar tranquilo y, más aún, satisfecho. Este libro como todas sus publicaciones dan cuenta del precioso trabajo que realizan allí investigadores y estudiantes, con un ojo puesto en el avance del conocimiento y el otro dirigido a un público atento e inquieto por saber más acerca de neurociencias y de cómo estas no se encuentran volando lejos, sino muy cerca de nuestras preocupaciones más básicas como especie. El Centro hace buena ciencia, muy buena ciencia, y sabe también la importancia que tiene la difusión científica.

Hacer ciencia exige varias virtudes, entre ellas la perseverancia, y el Centro la ha tenido, y mucha, sobre todo a la hora de impulsar el proyecto que llevará sus instalaciones hasta su nueva sede en el Bario La Matriz. Allí, como indicamos antes, se han encontrado vestigios del viejo Valparaíso, e incluso del viejísimo Valparaíso, lo cual es prueba de que lo nuevo se teje en lo viejo.

Este libro, *DeMente*, trata precisamente de eso, de la mente y del cuerpo que la hace posible a la vez que reconocible, sumándose a la abundante bibliografía que está produciendo el esfuerzo de divulgación de un saber –la neurociencia- o de unos saberes –las neurociencias- que no dejan pasar un solo día sin sorprendernos con sus avances y con las sorprendentes tecnologías a que dan origen, produciéndonos tanta fascinación como inquietud.

No hay que creer necesariamente en el relato del *Génesis* para manifestarse de acuerdo con esta reflexión del teólogo jesuita Henri de Lubac: si Dios descansó en el séptimo día, ello fue porque en adelante alguien tendría que ocuparse del resto.

Sabemos bien quién es ese alguien: la inquieta especie humana que conformamos, y que, sin ánimo de parecerse a una divinidad, ni menos de suplantarla, se obstina en conocer y en conocerse a sí misma.

Agustín Squella
PREMIO NACIONAL DE HUMANIDADES DE CHILE

CAPÍTULO I
El cerebro, un hueso duro de roer

"Al cabo, al fin, por último,
torno, volví y acábome y os gimo, dándoos
la llave, mi sombrero, esta cartita para todos.
Al cabo de la llave está el metal en que aprendiéramos
a desdorar el oro, y está, al fin
de mi sombrero, este pobre cerebro mal peinado,
y, último vaso de humo, en su papel dramático
yace este sueño práctico del alma".

César Vallejo. "Despedida recordando un adiós"

La ciencia ficción se hace ciencia real

Sandra Cárdenas

La escena ocurre en un futuro distópico, en un mundo oscuro en el que la inteligencia artificial domina a los seres humanos. Un grupo de rebeldes, liderados por el misterioso Morfeo, logra rescatar de la esclavitud de las máquinas al joven Neo. Se trata de la película *Matrix*, un filme de ciencia ficción que en 1999 impactó a los cinéfilos de todo el planeta.

En una de las escenas más icónicas del filme, Neo (Keanu Reeves) es conectado por sus salvadores a una máquina que interviene su cerebro. Cuando termina el procedimiento, el joven abre los ojos y dice: "Yo sé kung fu". Morfeo le responde: "Demuéstramelo". Acto seguido, ambos se enfrentan en un combate de este arte marcial digno de campeones mundiales, dando volteretas por los aires y lanzando patadas sobrehumanas. Antes de ese momento, Neo nunca había practicado kung fu. Todo su conocimiento vino de la estimulación cerebral que se le practicó minutos antes.

Una y otra vez, los avances de la ciencia nos han acercado a situaciones que años atrás solo podían estar en la mente de los artistas y los creadores. En efecto, un experimento demostró hace poco que era posible adquirir un conocimiento sin necesidad de haber pasado por un proceso de aprendizaje.

Hasta ahora, la experiencia ha sido un componente clave en la adquisición de nuevos conocimientos. El aprendizaje se entiende como un proceso mediante el cual, a través de las vivencias, se adquiere información que produce cambios en el comportamiento. Sin embargo, investigadores de Estados Unidos y Canadá lograron generar, de modo artificial, "memorias" que provocaron cambios en la conducta en roedores de laboratorio.

Para ello, partieron de dos supuestos. El primero es que la memoria solo ocurre en el cerebro, de modo que la estimulación directa sobre este puede generar un recuerdo artificial. Y, segundo, que el comportamiento que origina esa memoria artificial es semejante al que habría producido el recuerdo de una experiencia real.

Los investigadores se centraron en el llamado "aprendizaje asociativo", que se basa en correlacionar estímulos sensoriales para luego servir de guía en la conducta. Por ejemplo, cuando un animal encuentra una fuente de alimento en una cueva, asocia los datos de ese lugar a la comida, lo que le genera una "memoria" que le permite regresar a esa caverna cuando sienta la necesidad de alimentarse.

Para poder generar memorias de modo artificial es necesario saber dónde y cómo se origina esta información en el cerebro; algo similar a insertar datos en el disco duro de una computadora. Esto parece una tarea muy difícil, si se tiene en cuenta la complejidad del funcionamiento cerebral, pero ya se conocen ciertas zonas que se activan a partir de determinados estímulos y que pueden producir una memoria que lleve a determinados comportamientos.

Los investigadores realizaron este experimento a través de la estimulación cerebral directa con pulsos de luz para activar las neuronas. Esta técnica se conoce como optogenética y se logra al modificar genéticamente ciertas células para que se activen al iluminarlas. Las zonas del cerebro involucradas en este trabajo son las que se relacionan con la "recompensa" y la "aversión", y la que procesa los olores, llamada bulbo olfatorio.

¿Quién no ha recordado de modo fulminante algún momento de la infancia al sentir un determinado olor? El perfume de la madre, el aroma del guiso de la abuela o el olor de los útiles escolares el primer día de clases. Con la mente en ese fenómeno, los científicos decidieron entrenar a dos grupos de ratones para lograr en ellos el aprendizaje de asociar dos estímulos reales. Un grupo aprendió a asociar el olor de la acetona con una recompensa (comida); y el otro, a relacionar ese mismo aroma con un castigo (un pequeño golpe eléctrico).

Después del período de entrenamiento, los roedores fueron puestos a prueba. Los dos grupos se introdujeron en un lugar dividido en dos partes: una que olía a acetona y la otra, no. Su comportamiento tuvo directa relación con lo que habían aprendido. Los que habían recibido comida se fueron de inmediato al rincón que olía a acetona; y los que habían sufrido el shock eléctrico se alejaron de ese lugar. El desafío siguiente fue el más difícil: generar esas mismas memorias, pero no producto del entrenamiento sino de la estimulación cerebral.

Los científicos escogieron para este experimento el sistema olfatorio por su particular estructura. Cada neurona del órgano olfatorio (la nariz) expresa un único tipo de sensor de aroma (receptor), y las neuronas que comparten el mismo receptor se juntan en uno o dos glomérulos en el bulbo olfatorio en el cerebro. Entonces, al conocer qué receptor se estimula con un determinado aroma, se puede estimular en forma directa el glomérulo correspondiente a través de la luz y, con ello, simular la acción del receptor, aunque no haya sido así.

Luego vino la parte de asociar el olor a las respuestas de recompensa o de castigo. Los investigadores se basaron en estudios previos que proponían que ciertas partes del cerebro mostraban mayor actividad cuando se exponían a estímulos que generaban respuestas placenteras o de tipo aversivo.

Sobre la base de estos conocimientos, ratones de laboratorio fueron sometidos a un proceso de estimulación artificial a través de optogenética; es decir, aplicando puntos de luz dirigidos a las neuronas que participan de las respuestas tanto olfativas para la acetona como de recompensa o de aversión, según el grupo al que perteneciera el animal, con la intención de lograr un aprendizaje asociativo artificial.

En una jornada posterior, los ratones fueron llevados al lugar del experimento inicial, que tenía un rincón con olor a acetona y otro sin ese aroma. Y su comportamiento fue el mismo que el de los roedores que sí habían tenido la experiencia real: hubo un grupo que evitó el rincón de la acetona y otro que lo prefirió, coincidiendo con la estimulación cerebral que habían experimentado.

Esto demostró que es posible generar una memoria sin haberse sometido a una experiencia sensorial previa y a un proceso asociativo de aprendizaje. Aún falta un largo camino por recorrer antes de llegar a situaciones como las que vimos en *Matrix*, pero este experimento abre un mundo de posibilidades: la memoria y el aprendizaje son posibles gracias a la estimulación cerebral. Para lograrlo, es necesario conocer un detallado mapa de las zonas cerebrales involucradas en la adquisición de recuerdos y conocimientos. El resultado podría llegar a tener similitud con lo aprendido en años de experiencia. Una vez más, constatamos que la ciencia ficción puede llegar a ser ciencia real.

GLOSARIO:

Optogenética: es un método de estimulación cerebral que se realiza modificando genéticamente algunas neuronas para hacerlas sensibles a la luz con el fin de poder activarlas mediante destellos luminosos.

Houston, tenemos un problema: los cambios cerebrales tras un viaje al espacio

Christian Poblete

Supo que quería ser astronauta cuando tenía cinco años. Junto a su hermano gemelo vio en la televisión cuando Neil Armstrong se convirtió en el primer ser humano en pisar la superficie de la Luna. Era el 21 de julio de 1969. Cincuenta años después, el astronauta norteamericano Scott Kelly logró ser escogido para integrar la misión "Un año en el espacio", planificada para estudiar el impacto en el cuerpo humano de la exposición sostenida a la ingravidez. En la Estación Espacial Internacional (ISS por sus siglas en inglés), Kelly dio 5 mil 440 vueltas a la Tierra, contempló más de 10 mil amaneceres y supo que el espacio olía a metal quemado y soldadura. A su regreso, tal como estaba programado, se sometió a una serie de estudios que incluyeron a su hermano gemelo que permaneció en la Tierra durante su viaje al espacio. Los resultados confirmaron lo que ya se sospechaba. Scott había crecido y era más alto que su gemelo; presentaba serias alteraciones en su material genético y había perdido masa ósea y muscular. Su anatomía había cambiado de manera inapelable.

Desde el primer viaje espacial, protagonizado por el cosmonauta ruso Yuri Gagarin, han sido más de quinientos los astronautas, de 39 países, que han seguido sus pasos. Al igual que Scott Kelly, varios han tenido largas estadías en la Estación Espacial Internacional en los últimos veinte años. En este nuevo ambiente espacial, los efectos de atracción gravitatoria casi inexistentes, les permiten "nadar" con libertad dentro de la estación. Sin embargo, los astronautas se enfrentan a condiciones muy diferentes a las que tenemos en la superficie de la Tierra, como la nula presión atmosférica y fuertes oscilaciones térmicas causadas por las diferencias en la exposición respecto al Sol.

No se trata solo de condiciones hostiles del entorno. Imagina por un momento vivir confinado en un espacio reducido, con las mismas tres personas durante seis meses, sin la más mínima posibilidad de salida y siendo monitoreado en todo momento para registrar cambios de humor o de conducta producto del encierro. Pareciera ser casi un *reality show* estelar.

Pero, ¿cuál es el impacto en el sistema nervioso? Diversos estudios señalan que estar expuestos por períodos extensos a condiciones de microgravedad induce cambios en algunas estructuras cerebrales; entre ellos, el lóbulo frontal, el cerebelo y la corteza insular; zonas relacionadas con la conducta, la coordinación motora y la emocionalidad respectivamente.

Sin embargo, un artículo publicado en la revista de la Academia Nacional de Ciencias de Estados Unidos expone más evidencias que cobran relevancia al momento de evaluar la factibilidad de los futuros viajes espaciales, abriendo una serie de interrogantes ante el creciente interés en la colonización del planeta Marte.

La investigación liderada por Angelique Van Ombergen, del Laboratorio de Investigación en Equilibrio Aeroespacial y del Departamento de Neurociencias Traslacionales –ambos de la Universidad de Amberes en Bélgica–, se basó en el análisis de imágenes obtenidas por resonancia magnética a once astronautas que permanecieron por al menos seis meses orbitando la Tierra dentro de la Estación Espacial Internacional. Las primeras imágenes fueron obtenidas dos días antes de sus respectivos viajes al espacio. La segunda toma, en tanto, se concretó diez días después de volver a la Tierra. Por último, se les volvió a realizar el examen a los siete meses desde su llegada.

Las imágenes fueron comparadas –en los mismos periodos de tiempo– con otras once personas que tenían características similares a las de los astronautas estudiados, pero que no tenían relación con el programa espacial.

Tras cuatro años de investigación se concluyó que la exposición prolongada a un ambiente de microgravedad, asociado a vuelos espaciales de larga duración, produce un aumento del volumen en los ventrículos cerebrales, cavidades por donde circula el líquido cefalorraquídeo. Entre otras cosas, este líquido incoloro, protege el sistema nervioso central, actuando como un amortiguador ante aumentos en la presión intracraneal.

Con el estudio de seguimiento, realizado siete meses después del regreso de los astronautas a la Tierra, se observó que estas inflamaciones del organismo disminuyeron, pero no lo suficiente para retomar los parámetros normales. Entonces, ¿qué consecuencias tendrían, en los viajeros espaciales, estos valores aumentados? Una correlación observada es la alteración en la morfología ocular y la agudeza visual.

En concreto, se registró un aplanamiento del globo ocular y una acumulación de líquido (edema) en una estructura denominada disco óptico. Por otro lado, los astronautas presentaron signos de alteración en la agudeza visual, lo que se relaciona con un síndrome causado por un aumento de la presión intracraneal.

Si bien este estudio demuestra que los viajes prolongados al espacio tienen impacto en ciertas estructuras cerebrales, aún no está del todo claro cómo se producen estos cambios. Tampoco es posible determinar las consecuencias clínicas a largo plazo y cómo se relacionan las variaciones de los ventrículos con las anomalías oculares detectadas. Lo anterior se debe a que este tipo de exámenes de resonancia magnética aún no se pueden realizar en el espacio, por problemas logísticos. También hay que considerar que la segunda toma de imágenes ocurrió siete días después de volver a la Tierra, lo que dificulta hacer un análisis comparativo más preciso.

Con estos antecedentes, solo nos queda replantearnos si será posible viajar a Marte y desarrollar allí una población humana sostenible en el tiempo sin tener consecuencias negativas en nuestro organismo, sobre todo considerando que, con la tecnología actual, el tiempo que se requiere para ir y volver a ese planeta es el triple de los días en que los astronautas de este estudio orbitaron la Tierra. ¿Será la humanidad capaz de generar mecanismos para contrarrestar los efectos negativos en el organismo a causa de la microgravedad? ¿Está nuestra anatomía destinada a quedarse por siempre en este planeta? Si Marte es la próxima frontera, se necesitará seguir investigando para lograr ese siguiente gran salto de la humanidad.

Neuronas que juegan al "monito mayor"

Juan José Alvear

Fue una casualidad, una serendipia, un hallazgo inesperado. De hecho, pensaron que se trataba de un error en la medición o un desperfecto en el equipo. Una y otra vez chequearon que estaba todo bien y así... casi sin quererlo... se dieron cuenta de que estaban detrás de un increíble descubrimiento. En 1996 un grupo de investigadores de la Universidad de Parma, Italia, liderados por Giacomo Rizzolatti estudiaba el comportamiento de las neuronas responsables del movimiento de las manos. Habían instalado electrodos en el cerebro de un macaco para poder evaluar la respuesta eléctrica de las neuronas encargadas de controlar los movimientos de la extremidad del primate. Durante el experimento, notaron que cuando uno de los científicos tomó un plátano, las neuronas del macaco tuvieron mayor actividad eléctrica. Más aún, este aumento de actividad se replicaba cuando el primate copiaba el movimiento del investigador. Así fue el descubrimiento de las neuronas espejo, un tipo especial de neurona que se estimula no solo cuando un sujeto realiza una acción, sino también cuando observa a otro sujeto realizar la misma actividad. En otras palabras, podemos decir que estas neuronas juegan al "monito mayor", ese juego donde un niño realiza un movimiento y todo el resto debe seguirlo.

¿Te ha ocurrido que al observar a alguien bostezar –de manera inconsciente– bostezas también? El bostezo no es contagioso, sino que se trata de una respuesta eléctrica casi inmediata por parte del sistema de neuronas espejo, que juegan al "monito mayor". Resulta aún más interesante destacar, que esta respuesta al bostezo no solo ocurre en humanos, sino que se replica también en otras especies, como los macacos y los perros.

La mayoría de los estudios realizados en este grupo de neuronas se ha enfocado en medir la actividad eléctrica del sujeto cuando está observando un movimiento y luego cuando lo está ejecutando. En mayo de 2018, fue publicada en la revista *The Journal of Neuroscience* una investigación que entrega nuevas luces acerca de su funcionamiento. Kevin Mazurek, junto a un equipo de investigadores estadounidenses, plantea que las neuronas espejo no solo monitorean los movimientos observados, sino que responden eléctricamente a la secuencia completa, de principio a fin, al episodio en el que se integran los movimientos. Es decir que, en el momento que identifican una potencial acción, pueden "predecir" el movimiento que hará el sujeto que están observando. Sin embargo, lograr dar con esta conclusión no resultó fácil.

El experimento consistió en registrar la actividad eléctrica de esta población neuronal en macacos, instalando microelectrodos en la corteza motora primaria y la corteza premotora (áreas del cerebro donde las neuronas espejo se encuentran presentes) antes, durante y al finalizar la observación por parte del sujeto de una secuencia de movimientos, que consistió en manipular diferentes objetos, tales como esferas, cilindros e interruptores.

Para poder evaluar esta actividad, oculta tanto para nuestros ojos como para la tecnología actual, los investigadores realizaron un análisis estadístico que permite inferir la actividad no observable a partir de los análisis de los registros de actividad eléctrica que sí se pueden medir. Es importante destacar que cuando los científicos poseen limitaciones experimentales, las herramientas matemáticas son de gran ayuda para entender y explicar fenómenos naturales, ya sea a gran o a pequeña escala.

Gracias a estos análisis, este grupo de científicos descubrió algo aún más interesante: las neuronas espejo no solo registran actividad durante todo el episodio del movimiento observado, sino también en las etapas anteriores y posteriores, durante las cuales no hay movimiento. Pero hubo más hallazgos. Descubrieron que la población de neuronas espejo ubicada en la corteza premotora tiene actividad eléctrica que progresa de manera similar, tanto en la observación como en la ejecución de movimientos.

Entender los mecanismos que subyacen a este tipo de actividad neuronal significaría un gran avance en el entendimiento de nuestro cerebro, y más aún, de nuestras conductas relacionadas al aprendizaje por imitación o comportamientos sociales como la empatía. Los descubrimientos científicos avanzan a pasos agigantados y cada aporte es fundamental para desarrollar conocimiento y tecnologías que puedan mejorar la salud y calidad de vida de las personas. El estudio de esta población neuronal puede abrir puertas para entender de manera más acabada ciertos trastornos relacionados con deficiencias en la comunicación e interacción con pares como, por ejemplo, el autismo.

GLOSARIO:

Corteza motora: comprende las áreas de la corteza cerebral responsables de los procesos de planificación, control y ejecución de las funciones motoras voluntarias. La corteza motora puede dividirse en cuatro partes principales: la **corteza primaria motora** (responsable de la generación de los impulsos neuronales que controlan la ejecución del movimiento); la **corteza parietal posterior** (encargada de transformar la información visual en instrucciones motoras); la **corteza premotora** (responsable de guiar los movimientos, el control de los músculos y del tronco corporal); y el **área motora suplementaria** responsable de la planificación y coordinación de movimientos complejos, como por ejemplo, aquellos que requieren el uso de ambas manos.

¿Qué tan inteligentes eran los dinosaurios?

Daniel Álvarez

El biólogo inglés Sir Richard Owen ofreció una famosa conferencia en 1841 en la que dio a conocer la existencia, en un pasado remoto, de increíbles y gigantescas criaturas a las que nombró como "dinosaurios", un término que, según su origen griego, significa "lagarto terrible". Desde entonces, estos animales han fascinado a personas de todas las edades, quizás, porque dan la sensación de pertenecer a un mundo fantástico.

Hollywood también se ha inspirado en estos misteriosos reptiles y en 1993 estrenó la película *Jurassic Park*, del director Steven Spielberg, cuyo debut obtuvo una de las mayores recaudaciones de la historia del cine. Pero más que su cuantiosa taquilla, este filme ha marcado hitos por sus sorprendentes efectos especiales, tanto digitales como de animatronics, con los que se revivió a estos gigantes. "Es lo más cercano a un dinosaurio viviente que he visto en mi vida", dijo el paleontólogo Jack Horner, quien asesoró a la producción.

En *Jurassic Park*, los dinosaurios volvían a la vida gracias a la clonación de células y a un mosquito del pleistoceno, fosilizado en ámbar, que aún contenía vestigios de la sangre de los gigantes. En la vida real, también los restos fósiles han permitido al mundo científico conocer sus remotos secretos. Uno de los grandes misterios es cómo se desenvolvían en su medio y cómo lograban sobrevivir ante las adversidades de su ecosistema. Por eso, una de las preguntas que persiste en torno a estos colosos es: ¿cuán inteligentes eran?

Un grupo de científicos de las universidades de Cambridge y Oxford, Reino Unido, liderados por Martin D. Braser, publicó en 2016 un estudio que podría dar respuesta a esta pregunta. El trabajo se hizo tras el descubrimiento de la cavidad craneal de un dinosaurio iguanodonte –un herbívoro de 10 metros de largo que vivió hace 133 millones de años–, de la cual se pudo rescatar el cerebro fosilizado. El hallazgo se hizo en una zona de sedimentos fluviales en Wealden, Reino Unido, y se trató de un hecho muy excepcional, ya que el cerebro y sus estructuras son altamente frágiles y propensas a la descomposición ante elementos como la tierra y el agua. Las condiciones para su conservación y fosilización son muy raras: el animal tuvo que morir y ser cubierto inmediatamente por barro y sedimentos como los del fondo de un río o de un lago para así quedar aislado del oxígeno y las bacterias que pudieran desintegrarlo. Pero incluso en estas condiciones, existía una gran probabilidad de que este tejido no se hubiera conservado.

En una primera etapa, los investigadores calcularon el Cociente de Encefalización, que estima la posible inteligencia de un animal. Este índice establece una relación entre el volumen de la cavidad craneal y el peso corporal. Los humanos tenemos la cifra más alta de todos, que oscila entre 7,4 y 7,8. Nos siguen los delfines con un índice cercano al 5,5.

Antes del hallazgo en Wealden, se estimaba que el cociente de los dinosaurios podría estar en 1,4, es decir un poco más que el de un perro. Esto se vio reforzado gracias a los descubrimientos del análisis del cerebro fosilizado, que demostró que estos enormes animales exhibían una inteligencia al menos superior a la de sus parientes vivos más cercanos, los cocodrilos modernos, los cuales se quedan atrás con un índice de 1. Pese a ello, los cocodrilos son capaces de realizar procesos sociales y de supervivencia complejos, como cuidar a sus crías, acción que pocos reptiles realizan.

La cavidad craneal del iguanodonte fue sometida a pruebas de microscopia electrónica y de tomografía computarizada (escáner usado en tratamientos médicos), las cuales permitieron revelar detalles hasta ahora inesperados sobre las meninges, tejidos membranosos que recubren las paredes del cerebro. Se observó, por ejemplo, que estas tenían similitudes con las de los cocodrilos. Además, se descubrió que la parte anterior del cerebro, donde está ubicado el hipotálamo, estaba bien definida y desarrollada, lo cual apoyaría la idea de que estos animales cuidaban de sus crías hasta una avanzada edad, posiblemente en parejas, y que vivían en grandes grupos.

Los análisis permiten aventurar que los iguanodontes incluso podían comunicarse por medio de la realización de vocalizaciones, como se ha demostrado en algunos descendientes del mismo grupo, los hadrosaurios o dinosaurios pico de pato, que tenían cavidades craneales que les permitían emitir este tipo de sonidos, lo que demuestra un nivel comunicativo mucho más complejo de lo esperado.

Estos descubrimientos revelan desconocidos rasgos de la vida de estos gigantes que poblaron nuestro planeta hace 200 millones de años. Saber más sobre la enorme diversidad de seres vivos que han habitado la Tierra ofrece una lección de humildad que nos recuerda que somos una especie más de las muchas que han prosperado en el mundo, durante el tiempo que les tocó vivir.

GLOSARIO:

Cociente de encefalización: es una estimación aproximada de la posible inteligencia de un animal. Se define como el cociente entre la masa del encéfalo y lo que se esperaría encontrar en un animal de similares dimensiones.

Hipotálamo: estructura cerebral que se localiza bajo del tálamo en el diencéfalo, entre ambos hemisferios cerebrales. Integra la información proveniente de diversas regiones cerebrales y la médula, participando en varias funciones, como: el control del flujo sanguíneo, la regulación del metabolismo energético, la reguilación de la actividad reproductiva y la regulación de los estados fisiológicos, como la temperatura, el ciclo de sueño, y otros.

¿Es posible revivir un cerebro?

Felipe Tapia

El joven Víctor Frankenstein dejó a su cariñosa familia en Ginebra para viajar a Alemania a estudiar en la universidad de Ingolstadt. Allí se maravilló con la anatomía y la fisiología humana. Pasó días y noches investigando en osarios y panteones, hasta que un día, según su propio relato, descubrió "el origen de la generación y la vida". Y se sintió capacitado para "dar vida a la materia inerte". Acometió entonces la tarea de crear un nuevo ser a partir de los restos que había recogido para sus experimentos. Trabajó día y noche de modo infatigable durante casi dos años. Y una desapacible madrugada de noviembre, bajo la mortecina luz de una vela vio "cómo la criatura abría sus ojos amarillentos y apagados".

El nuevo ser medía casi dos metros y medio. "Su piel amarillenta apenas si ocultaba el entramado de músculos y arterias", relata el joven científico. "Respiró profundamente y un movimiento convulsivo sacudió su cuerpo". Entonces, los sueños de gloria de Víctor dieron paso al horror. "¿Cómo expresar mi sensación ante esta catástrofe, o describir el engendro que con tanto esfuerzo e infinito trabajo había creado?". Para el doctor Frankenstein este experimento era un primer paso de una línea de investigación que culminaría en poder "devolver a la vida a aquellos cuerpos a los que la muerte había entregado a la corrupción". Pero las cosas no salieron así. El engendro creado se convirtió en el comienzo de una historia de terror.

Mary Shelley publicó *Frankenstein o el moderno Prometeo* en 1818, cuando tenía veintiún años de edad. Considerada uno de los máximos exponentes de la novela gótica, esta historia parte con el deseo de un científico de poder dar marcha atrás a la muerte. En ese momento parecía una idea de ciencia ficción y, si bien, no es posible devolver la vida, el desarrollo de la ciencia sí ha permitido cambiar el momento en que el proceso del fin parece irreversible.

El instante en que el corazón se detiene ha sido considerado por siglos, y por distintas culturas, como el momento en que la vida se acaba. Pero los avances científicos demostraron que esta definición carecía de la precisión necesaria. El desarrollo de nuevas técnicas como la reanimación cardiopulmonar, la circulación extracorpórea, la ventilación artificial y el trasplante de órganos, probaron que la vida podía seguir adelante después de la detención momentánea del corazón.

Hoy en día se entiende a la muerte no como un evento puntual, sino como un proceso. Este momento puede comenzar, por ejemplo, con un paro cardiorrespiratorio, que se asocia a la falla secuencial e irreversible de los demás órganos del cuerpo y al cese, por ende, de las funciones biológicas del organismo. Para definir el momento exacto del fin de la vida, se buscó un punto de no retorno. El criterio más utilizado es el de "muerte cerebral". Es el instante en que el proceso es irreversible y eso ocurre cuando cesa la actividad eléctrica del cerebro, lo que se asocia a una pérdida permanente de la conciencia y de los reflejos tronco-encefálicos. Sin embargo, una investigación reciente nos lleva a preguntarnos si la muerte cerebral es realmente el punto de no retorno.

Un equipo de científicos de la Universidad de Yale, Estados Unidos, desarrolló un mecanismo que permitió explorar los límites de la reversibilidad de la muerte cerebral, recuperando funciones en cerebros de animales varias horas después de su deceso y generando con ello un conjunto de nuevas preguntas éticas, legales y filosóficas.

Este estudio se basa en situaciones concretas en las que se pueden recuperar funciones cerebrales si se dan las condiciones correctas. Por ejemplo, la mantención de muestras de tejido cerebral animal, varias horas después de la muerte, en un laboratorio. En estudios clínicos recientes, se ha logrado recuperar tejido cerebral al restaurar el flujo sanguíneo hasta 16 horas después de un infarto; y hay casos en que la función cerebral se ha restablecido en pacientes varias horas después de que se haya detenido la circulación sanguínea tras sufrir una hipotermia severa.

Para probar su hipótesis, los investigadores diseñaron un procedimiento quirúrgico con un líquido de perfusión especial y un dispositivo de circulación al que llamaron BrainEx, que es una combinación entre una máquina de diálisis y una de circulación extracorpórea como las que se usan en cirugías a corazón abierto. Los estudios se realizaron utilizando cerebros de cerdos muertos obtenidos de la industria alimentaria, los cuales fueron transportados en hielo, procesados y conectados al sistema BrainEx cuatro horas después de la muerte del animal.

El procedimiento permitió aislar al cerebro junto a las principales arterias que lo proveen de sangre, las que también fueron conectadas al sistema BrainEx. Este contaba con un oxigenador arterial para reemplazar la función de los pulmones; un conjunto de bombas y un generador de pulso para movilizar el líquido de perfusión en reemplazo del corazón; y una membrana de filtración en lugar de los riñones.

El líquido de perfusión utilizado para reemplazar a la sangre contenía hemoglobina sintética para transportar oxígeno y dióxido de carbono; nutrientes y electrolitos, para alimentar a las células y permitirles funcionar; sustancias para proteger a las neuronas y ayudarlas a sobrevivir; y partículas para que el líquido pudiese ser visto en una ecografía.

Para poder comparar los resultados obtenidos con el sistema BrainEx, los investigadores dejaron al mismo tiempo otros cerebros (denominados de control) conectados a una perfusión con suero fisiológico, que no es más que agua con sal. La duración del estudio para cada cerebro estaba dada por el tiempo que se mantenían en buenas condiciones los cerebros de control, que fue un máximo de seis horas. Esto, sumado a las cuatro horas previas, daba un total de 10 horas desde la muerte de los cerdos.

Con el fin de evaluar la efectividad de este sistema, el primer paso fue determinar si los vasos sanguíneos cerebrales eran capaces de funcionar adecuadamente tras las cuatro horas de muerte y falta de sangre. Descubrieron que, al conectar el cerebro al sistema BrainEx, los vasos sanguíneos seguían funcionales y permitían un adecuado flujo de sangre desde las arterias principales hasta los capilares más pequeños y, además, podían responder a medicamentos, confirmando la funcionalidad de las células que los componen. Los cerebros de control, en cambio, mostraron un deterioro severo y pérdida de la función de los vasos sanguíneos.

El siguiente paso fue determinar si la estructura cerebral se mantenía tanto a nivel macroscópico como microscópico. Para ello utilizaron técnicas como la resonancia nuclear magnética y microscopía de fluorescencia, respectivamente. En ambos tipos de análisis se observó que tanto la anatomía general del cerebro como la estructura microscópica de las células que lo componen se mantuvieron de forma similar a la del animal vivo, y no se observó edemas (acumulación de líquido) u otros signos de daño, los que sí se vieron en los cerebros con suero.

También se advirtió que, con el sistema BrainEx, las neuronas mantuvieron su capacidad de generar y transmitir señales eléctricas, y de liberar neurotransmisores en las sinapsis. Las células gliales, que acompañan y ayudan a las neuronas, también mantuvieron su funcionalidad y se verificó en ellas una estructura microscópica y cantidad total similares a las del animal vivo. Incluso, un grupo particular de ellas pudo generar una respuesta inmune. En general, el cerebro mantuvo su actividad metabólica y la regulación de los niveles de electrolitos, confirmando la vitalidad de las células que lo componen.

Sin embargo, no se observó la reaparición de actividad eléctrica en el electroencefalograma, lo cual indica que a pesar de que las células cerebrales mantuvieron su actividad y sus características generales, no existió una recuperación del procesamiento y traspaso de información entre las distintas estructuras del cerebro. Si con este experimento hubiera reaparecido la actividad eléctrica, esto habría provocado una serie de cuestiones éticas que nunca antes había sido necesario considerar, pues se estaría "despertando" a un cerebro separado del cuerpo y de toda entrada de información sensorial. Ante esa eventualidad, los investigadores tenían a mano medicamentos para apagar cualquier señal cerebral que pudiese indicar una recuperación de la conciencia.

Esta es una tecnología que requerirá de más estudio y perfeccionamiento, pero eventualmente podría ser de gran utilidad para la comprensión de nuestro cerebro y para la búsqueda de nuevos tratamientos médicos, lo que abrirá nuevas preguntas éticas que hasta ahora solo se habían considerado en la ciencia ficción y en el terror gótico.

Este experimento nos recuerda lo sucedido tras el desarrollo de la reanimación cardiopulmonar y cómo el avance del conocimiento científico puede cambiar de manera rotunda lo que definimos como el "punto sin retorno". Su desarrollo podría llevar a un siguiente hito que signifique llevar la definición del fin de la vida más allá de la muerte cerebral.

GLOSARIO:

Líquido de perfusión: utilizado en los experimentos científicos, es un líquido que se introduce de modo lento y continuado en los vasos sanguíneos, y que circula por el organismo o por algún órgano, en lugar de la sangre.

Células gliales o glías: son células del sistema nervioso que colaboran con las neuronas; les proporcionan los nutrientes necesarios para su funcionamiento; producen la mielina, sustancia que aísla y protege a las fibras nerviosas; y regulan la neurotransmisión y limpian los desechos, entre otras cosas.

Errar es humano y corregirlo... también

Hernán Álvarez

Ensayo y error. Así parte esta historia. En 1941 tras una agotadora jornada de caza, el ingeniero suizo George de Mestral se quedó observando como cientos de pequeñas espigas se pegaron en su ropa y en el pelaje de su perro. Tomó una de las espigas y las estudió bajo el microscopio. Lo hizo una y mil veces. Quería descifrar la razón por la que se adherían a su ropa con tanta firmeza. Y se demoró varios años, intentos y fracasos hasta llegar a diseñar un cierre que simulaba los diminutos ganchos de las espigas. Probó con algodón, después con seda y, por último, con nylon tratado a alta temperatura. Fue recién en la medianía de la década de los cincuenta cuando el invento quedó patentado como Velcro. Diez años después ya se comercializaban 60 millones de metros en todo el mundo. La tenacidad de George de Mestral valió la pena. Y sus sucesivos errores, también...

Equivocarnos es parte de la vida. Y si miramos hacia atrás podemos darnos cuenta de que después de cometer un fallo nos moveremos con más cautela y con más atención. Motivados por el desconocimiento que existe sobre este tema, un equipo de la Universidad de Roma Foro Itálico, liderado por Donatella Spinelli y Francesco Di Russo, investigó cómo reacciona nuestro cerebro después de equivocarnos y qué mecanismos se activan para prevenir que cometamos una segunda falta. El estudio de los romanos fue de gran importancia, ya que la información conocida hasta ese momento solo se limitaba a precisar el mecanismo cerebral de detectar el error.

El proceso que realiza el cerebro cuando nos equivocamos se divide en etapas y, para graficarlo, lo pondremos en un contexto. Imaginemos que estamos en una reunión familiar y somos los encargados de servir los vasos. Luego de servir el primer vaso –un tercio de segundo después de realizar la actividad– nuestro cerebro comprueba si lo hicimos bien o mal. Supongamos que, en esta ocasión, lo hicimos bien. Sin embargo, al servir el segundo vaso cometemos un pequeño error y derramamos todo el contenido. De nuevo, un tercio de segundo después de realizada la actividad, el cerebro detecta que nos equivocamos. Es lo que llamamos el "ajuste post-error", definido como la suma de ajustes neuronales que hace el cerebro para no volver a fallar. En nuestro ejemplo, sería poder volver a servir los vasos sin darles vuelta.

El experimento se realizó en una habitación acondicionada donde 36 voluntarios estaban sentados delante de un monitor. En esta pantalla se iban desplegando sucesivamente cuatro imágenes distintas, dos de las cuales, indicaban a los participantes que debían apretar un botón situado en el apoyabrazos de la silla. Había otras dos imágenes que advertían que no debían apretarlo. El grupo de imágenes se mostró al azar y tenían la misma probabilidad de aparecer. Además, para analizar el funcionamiento cerebral de los participantes, se utilizó un electroencefalograma para observar la actividad eléctrica del cerebro durante la realización de las tareas.

En el experimento se consignó que, después de cometer un error, se observaron tres tipos de resultados: la mitad de los participantes solo tuvo ese fallo; un tercio de ellos tuvo una segunda equivocación; y, uno de cada diez, registró más de dos errores. En los experimentos también se analizó el tiempo de reacción. Se trata del período que transcurre entre recibir una orden o decidir ejecutar una acción, y efectuar esa acción. Si volvemos a nuestro ejemplo del anfitrión de la reunión familiar, es el tiempo que demoramos entre que decidimos servir un vaso hasta que definitivamente lo hacemos.

Los resultados concluyeron que los tiempos de reacción después de equivocarse fueron mayores que los tiempos de reacción previos al fallo. Es decir, después de dar vuelta un vaso, nos demoramos más en llenar el siguiente. De esta manera, es posible concluir que después de equivocarnos el cerebro actúa de manera más conservadora, mostrando un enlentecimiento en los actos y una mejora en la precisión.

En los intentos posteriores al fallo, se verificó una baja de la preparación de la actividad motora que realiza el cerebro y, por el contrario, se consignó una mejora de la preparación cognitiva para ejecutar la misma acción. Esta mejora permite, al mismo tiempo, un mayor control desde el cerebro hacia las extremidades, en especial, en las áreas encargadas de planificar el movimiento.

Así, la baja de la actividad eléctrica del cerebro en el momento de la planificación motora posterior a cometer una falla produce una respuesta más lenta. ¿Cómo se manifiesta este mecanismo? En la práctica, nuestro cerebro se tomará su tiempo para evitar volver a equivocarse. Y esto lo hará todas las veces que sea necesario, independiente de la cantidad de veces que hayamos fallado.

Según este estudio, nuestro cuerpo está preparado para corregir un proceso cuando fallamos. En concreto, es nuestro cerebro el que comienza a hacer todas las modificaciones neuronales necesarias para no volver a fallar. Gracias al ajuste post error tendremos enormes posibilidades para seguir intentando la práctica de un deporte o el estudio de nuevas materias. Así que la próxima vez que cometamos un error o no nos resulte algo a la primera, no hay que desesperarse ni entrar en pánico, solo tenemos que confiar que en los siguientes intentos nuestro cerebro será el primero en ayudarnos.

Nacimiento después del nacimiento

Evelyn Cordero

Los investigadores que las descubrieron aseguran que es como recorrer un país de punta a punta. Este es el complejo camino que hacen cientos de miles de neuronas muy pequeñas al interior del cerebro de un recién nacido. Y si bien es un camino de milímetros o centímetros, es una ruta que ha sorprendido al mundo de la ciencia. Este equipo ha llegado a concluir que existe desarrollo de nuevas neuronas (neurogénesis) con posterioridad al nacimiento de un lactante, una fase compleja que nunca antes se había llegado a probar y que podría marcar una diferencia a la hora de abordar algunos trastornos neurológicos.

Este hallazgo evidencia que el nacimiento de nuevas neuronas no finaliza en las etapas embrionarias como se creía. Por el contrario, es un proceso que continúa cuando el recién nacido empieza a relacionarse con el medio ambiente durante los primeros meses de vida.

El grupo de investigadores liderado por la doctora Mercedes Paredes y que convocó la colaboración de las universidades de Valencia y de California, logró demostrar la existencia de una migración masiva de nuevas neuronas desde el nacimiento, etapa en que el lactante empieza a interaccionar con su entorno. Dichos resultados fueron publicados en la revista *Science* y su importancia radica en que ponen de manifiesto una nueva etapa crítica para el desarrollo neuronal del ser humano, que comprende el periodo de lactancia, y que antes de esta investigación, no había sido esclarecida.

La neurogénesis es el proceso mediante el cual se desarrollan nuevas células neuronales a partir de células madre o progenitoras. Este proceso se encuentra más activo durante la etapa embrionaria y gracias a él nuestro encéfalo en crecimiento se nutre de células especializadas que luego nos van a permitir ver, oír, sentir, pensar, hablar, amar... todo lo que nos hace esencialmente humanos.

¿De qué se trata esta migración a la que alude la investigación? Este movimiento de jóvenes neuronas parte en las paredes ventriculares del cerebro, desde donde se organizan en cadenas para atravesar el complejo entramado neuronal del recién nacido para instalarse mayoritariamente en el lóbulo frontal. Es aquí, en el lóbulo frontal, donde estas jóvenes neuronas maduran y ayudan a incrementar su tamaño y complejidad. Es el lóbulo frontal, región del cerebro que se ha desarrollado mucho en nuestra especie en comparación con otras, el encargado de almacenar y procesar información, concentrar funciones ejecutivas y otras tantas claves para el aprendizaje.

Los investigadores determinaron que la neurogénesis postnatal produce neuronas fundamentalmente de tipo inhibitorias, que representan casi el veinte por ciento del total de células de la corteza cerebral. Nuestro cerebro tiene neuronas inhibitorias y excitatorias. Las neuronas inhibitorias son las encargadas de modular la actividad eléctrica de sus neuronas vecinas, reduciendo la posibilidad de producir un potencial eléctrico, que es la forma en que las neuronas se comunican. Las excitatorias, por su parte, tienen un efecto opuesto, es decir, aumentan la probabilidad de producir un potencial eléctrico. De esta manera, las neuronas inhibitorias actúan sobre sus vecinas disminuyendo la posibilidad de que estas se activen y, por lo tanto, se comuniquen con otras neuronas. Nuestro cerebro requiere un balance de ambos tipos de neuronas.

Para la doctora Paredes y su equipo, esta migración neuronal podría explicar el gran volumen del lóbulo frontal de los humanos, muy considerable ya en el momento de nacer.

Pero, ¿cómo lograron llegar a este importante descubrimiento? Los investigadores usaron tejido cerebral obtenido de donantes lactantes a las pocas horas de fallecidos. Dichos tejidos fueron marcados con fluorescencia, un tipo de marcador molecular que permite que las células migratorias inmaduras brillen, lo que permitió observar su origen y su ruta. De esta manera, los investigadores lograron ver cómo estas neuronas se desplazaban en grupos –formando las cadenas antes mencionadas– e incluso vieron cómo algunas de ellas se separaban para migrar por sí solas hasta llegar a su destino final. Estos movimientos migratorios neuronales suceden fundamentalmente durante los primeros tres meses de vida, aunque hay evidencia de que se siguen produciendo hasta alrededor de los siete meses. A los dos años casi no se observan y a los seis años han cesado.

Además de detectar este desplazamiento neuronal, el grupo de investigadores identificó dos rutas de migración en lactantes que ya habían comenzado durante el desarrollo embrionario. Estas dos vías parten de la misma región: unas estructuras llamadas eminencias ganglionares, que son núcleos o grupos neuronales presentes en estados embrionarios de desarrollo del cerebro y que posteriormente, en un cerebro maduro, dan origen al complejo amigdaloide, también conocido como amígdala (responsable del procesamiento emocional). Una de las rutas migratorias se dirige hacia los bulbos olfatorios (unido a la base del lóbulo frontal) que se asocian a la detección, discriminación y filtrado de olores, entre otras funciones. La segunda ruta migratoria se movilizó hacia la corteza prefrontal ventral (superficie más externa de la base del lóbulo frontal), estructura que tiene un rápido acceso a la información visual y, en consecuencia, es capaz de reaccionar ante los eventos visuales tanto positivos como negativos.

La naturaleza dinámica del lóbulo frontal en las etapas de lactancia pone de manifiesto la necesidad de acentuar los cuidados del lactante, ya que lesiones en esta zona durante esta etapa que se considera crítica, podrían afectar al reclutamiento neuronal provocando desórdenes neurocognitivos y sensoriomotores tales como epilepsia, parálisis cerebral, entre otros.

Este estudio confirma que los primeros meses de vida, cuando un infante empieza a interactuar con el medio ambiente, son cruciales para el desarrollo del cerebro, ya que corresponde con el desarrollo de funciones cognitivas más complejas. En particular, esta investigación nos ayuda a entender qué es lo que hace que el desarrollo cerebral humano sea tan único y, sobre todo, releva la importancia de los cuidados y de la estimulación infantil durante los primeros meses de vida.

Dime lo que comes y te diré qué tan inteligente eres

Jorge González

Las fotos dieron la vuelta al mundo en 2015. Era una secuencia de imágenes que mostraban a una gorila salvaje en el bosque Mbeli Bai, en el Congo. Un equipo de expertos alemanes y norteamericanos se maravilló al ver a la gorila utilizar un palo para cruzar un río de aguas turbias. Pudieron verla entrar al agua y devolverse a tierra firme tras advertir que se hundía. Una vez en la orilla, tomó una rama que utilizó como apoyo para entrar de nuevo al agua e ir tanteando la profundidad del cauce. Pese a verse asustada, logró caminar cerca de 10 metros... siempre con cautela y calculando cada uno de sus pasos. Como este, hay una infinidad de registros que dan cuenta de la asombrosa inteligencia de los primates. Gorilas y chimpancés, por ejemplo, elaboran herramientas para cazar y obtener alimentos. Bonobos y orangutanes pueden expresar amor, pena y rabia, emociones que pensábamos que eran exclusivas del ser humano. Y ellos mismos son capaces de transmitir tradiciones de madres a hijos.

¿Por qué los primates han desarrollado cerebros tan complejos y otras especies no? Todos sabemos que el ser humano es el animal más inteligente en la Tierra. Esta capacidad intelectual nos permitió llegar a ser la especie dominante, capaz de construir objetos inimaginables, dominar tierras inhóspitas e idear complejas teorías que explican la naturaleza de aquello que nos rodea. Pero, ¿qué determina la inteligencia de un ser vivo?

Hasta ahora la hipótesis más aceptada por la comunidad científica indicaba que la vida en sociedad había sido el factor determinante en el desarrollo de facultades cognitivas superiores. Según esta teoría, los cerebros más grandes fueron el resultado de la necesidad de convivir y reproducirse en grupos sociales cada vez más complejos. En términos evolutivos, los cerebros mejor adaptados han sido capaces de avanzar de manera progresiva en pensamientos más elaborados y en construcciones mentales de alto requerimiento intelectual. En definitiva, es la vida en sociedad la que nos ha obligado a desarrollar nuevas y siempre crecientes capacidades cognitivas.

Sin embargo, esta idea de la evolución resultó algo dudosa para algunos estudiosos del tema. Su crítica apuntaba a señalar que las investigaciones realizadas hasta ese momento consideraban muestras muy pequeñas donde no era posible observar de forma global el enorme y complejo árbol que es la evolución.

Esta misma inquietud rondaba en la cabeza de Alex R. DeCasien, quien junto a su equipo del departamento de antropología en la Universidad de New York, Estados Unidos, analizó el comportamiento y la alimentación de más de 140 especies distintas de primates. En concreto, estudiaron las estructuras sociales de sus manadas, el tipo de alimentación que llevaban, los esfuerzos cognitivos que se requerían para encontrar dicho alimento y, por último, el grado de desarrollo cerebral que mostraban.

Los resultados mostraron una interesante relación entre el tipo de alimentación que tenían dichas especies y su inteligencia.

Por ejemplo, el análisis determinó que las especies que consumían hojas (folívoros) tenían un comportamiento social más simple en comparación de aquellas que consumían frutas (frugívoros). En tanto, aquellas especias que comían hojas y frutas exhibían aún más complejidad intelectual y social.

¿Cómo se justifican estas diferencias? La primera explicación podría tener relación con el mayor aporte nutricional de la fruta en comparación con las hojas. Pero hay más. Según el equipo investigador, la búsqueda de fruta requiere un esfuerzo cognitivo mayor. El animal debe saber y recordar dónde y cuándo encontrar los mejores frutos para su alimentación; debe saber, además, cómo pelar un fruto e incluso elaborar una herramienta para conseguir ese objetivo. Los primates que se alimentan de hojas, en contraparte, no enfrentan mayores obstáculos para conseguir sus alimentos. Las hojas son abundantes y su búsqueda no implica grandes desafíos. Distinta es la situación de los primates omnívoros, que de manera ocasional comen carne, como el chimpancé africano, que caza en manada elaborando complicados planes para capturar presas y cuya inteligencia es comparada con la de los humanos.

En paralelo, el equipo determinó que dichos comportamientos estaban directamente relacionados al crecimiento de la neocorteza cerebral, una estructura clave para el pensamiento racional, y que es el último sector en desarrollarse en los primates. Por otro lado, esta idea también puede relacionarse con aquellas que hablan sobre adaptaciones ecológicas, debido a la necesidad de almacenamiento y recuperación de información espacial en el cerebro, a las demandas cognitivas del forrajeo extractivo de frutos y semillas, y a una mejor calidad de la energía que es necesaria para el crecimiento del cerebro fetal. En conjunto, parece ser que el frugivorismo no solo proporciona una mayor presión selectiva sobre el procesamiento cognitivo, sino que también compensa los costos de un cerebro demandante desde el punto de vista metabólico, al facilitar una menor asignación de energía para realizar la digestión (muy alta en el consumo de hojas). Esta idea puede extrapolarse a especies que no son primates pero que poseen una capacidad cognitiva desarrollada, como cetáceos, otros mamíferos carnívoros y aves.

Entonces, nuestra inteligencia también se tendría que deber en gran parte a nuestras estructuras sociales. Bueno, según este estudio, no tanto... Se ha descubierto que comportamientos sociales complejos, como por ejemplo las coaliciones o la reciprocidad, que se suponía que eran únicos para los primates, están presentes en otras familias de especies que no poseen cerebros grandes, como las hienas manchadas. Por lo tanto, la premisa que afirma que la complejidad social requiere una complejidad cognitiva, no necesariamente es cierta. De este modo, los desafíos de la vida social podrían no requerir soluciones cognitivas elaboradas, sino que podrían resolverse usando reglas evolutivas bastante simplificadas.

Diversos estudios observacionales y de simulación han sugerido que simples reglas de asociación pueden explicar patrones complejos de comportamiento. Ahora, la idea de que grupos más grandes de individuos requieren de una mayor capacidad cognitiva puede ser fácilmente malinterpretada, ya que los individuos dentro de un grupo no necesariamente tendrán la obligación ni el deseo de relacionarse con todo el resto de los individuos que lo conforman (solo es cosa de ver a nuestra propia especie).

Todos estos antecedentes relevan la importancia de la alimentación en el desarrollo de la inteligencia, lo que deja abiertas una serie de preguntas no menores: ¿Cómo te afecta a ti lo que comes?, ¿qué alimentos debes consumir y en qué cantidad?, ¿cuál es el impacto de la alimentación en el desarrollo intelectual de las futuras generaciones? La respuesta está a un bocado de distancia.

GLOSARIO

Neocorteza cerebral: el neocórtex o neocorteza es la estructura del cerebro de mamíferos que se ha desarrollado más recientemente en la evolución. En humanos, se le atribuyen capacidades que son únicas entre las especies como la abstracción, el lenguaje y el razonamiento.

Las neuronas de la sed

Daniela De Giorgis

¿Por qué si tomamos un vaso de agua sentimos al instante que se "apaga" la sed... si en la práctica se necesitan varios minutos para que esa agua hidrate nuestro cuerpo?, ¿por qué preferimos una cerveza bien helada en lugar de una a temperatura ambiente?, ¿por qué muchos enfermos sienten calmada su sed solo con mojarse la boca?, ¿cómo funciona el mecanismo que nos impulsa a beber?

¿Te ha pasado que después de comer una gran porción de papas fritas sientes la necesidad imperiosa de tomar agua? Todas estas sensaciones ocurren porque tras la alta ingesta de sodio y otras sales, o luego de una pérdida de líquidos por parte del organismo, hay un desbalance en nuestra homeostasis corporal, vale decir, una pérdida del equilibrio en la relación entre el agua y las sales en nuestro organismo. Este desbalance nos genera una necesidad evidente de ingerir agua. Pero ¿cómo sabemos que algo anda mal en nuestro organismo si no tenemos un mecanismo que nos permita mantener constante la adecuada concentración de sales, agua y otros componentes, dentro y fuera de manera constante (equilibrio osmótico)?

Al parecer, la respuesta podría estar en nuestro cerebro. Trabajando con ratones, investigadores de la Universidad de California, Estados Unidos, descubrieron en 2016 un grupo de neuronas que son las encargadas de manifestar esta necesidad de ingerir agua que también podrían estar presentes en nuestros cerebros.

Las "neuronas de la sed" conforman una estructura neuronal conocida como el órgano subfornical, el que tiene la capacidad de activarse cuando se hace necesaria la ingesta de agua, operando como un "sensor osmótico", que sorprendentemente se anticipa a la sed antes de que aparezca.

Para poder estudiar el comportamiento de las neuronas del órgano subfornical, los investigadores utilizaron una herramienta conocida como optogenética. Gracias a esta técnica pudieron observar y medir, "en vivo y en directo", la actividad de las neuronas modificadas genéticamente de un ratón. Cuando dichas neuronas estudiadas tienen algún tipo de actividad, emiten una fluorescencia que es detectada por una fibra óptica instalada sobre el órgano subfornical del ratón.

Con el fin de determinar cuán rápido los ratones experimentaron la sensación de saciedad (inhibición de la actividad neuronal), les restringieron el acceso al agua durante un periodo de tiempo. ¿Qué ocurrió? Se observó un incremento del registro eléctrico de este grupo de neuronas, situación que cambió cuando se les permitió beber agua, ya que la señal bajó con rapidez, llegando a la inactividad total.

A los investigadores también les interesaba conocer si la temperatura del agua tenía algún impacto en las neuronas de la sed. Comprobaron que existe una notable disminución en la actividad del órgano subfornical cuando el agua estaba más fría, lo que explicaría por qué preferimos una cerveza helada en lugar de una a temperatura ambiente. En esta misma línea, el equipo de científicos probó los efectos de sustancias líquidas de características alcohólicas (Isoproterenol y Manitol) sobre las neuronas de la sed, observándose el efecto opuesto: deshidratación y un incremento importante de su actividad. Es decir, se generaba una mayor sensación de sed.

Por último, quisieron determinar el efecto de la comida en las neuronas en estudio, ¿era cierto que la comida estimula la ingesta de agua? Para comprobar su supuesto, dejaron a los ratones durante toda una noche sin comida, hasta la mañana siguiente, cuando fueron alimentados, pero sin agua. Las neuronas de la sed tuvieron una actividad creciente y sostenida en el tiempo. Luego de 15 minutos, se les permitió el acceso al agua, lo cual volvió a inhibir la actividad neural rápidamente. Este experimento permite establecer un mecanismo que explica por qué cada vez que comemos, ingerimos alguna bebida.

Resulta muy interesante descubrir que existen neuronas tan especializadas que pueden generar esta alarma de manera autónoma y con un sistema de retroalimentación dinámico respondiendo incluso antes de que la homeostasis sea afectada. El hallazgo de estas neuronas nos permite saber y entender cómo es que se regula nuestra fisiología.

Sin embargo, no deja de ser interesante preguntarse ¿cómo funcionan dichas neuronas en las personas que están obsesionadas con beber agua?

GLOSARIO

Homeostasis corporal: conjunto de fenómenos de autorregulación que conducen al mantenimiento de una relativa constancia en la composición y las propiedades del medio interno de un organismo.

Equilibrio osmótico: es la relación que hay entre los líquidos que hay dentro de la célula (intracelular) y su medio externo (extracelular).

Neurodebate al rojo: ¿Nacen nuevas neuronas en el cerebro adulto?

Scarlett Delgado y Tania Dib

Muchas personas recuerdan que durante su infancia los mayores solían advertirles que se cuidaran de los golpes en la cabeza porque "las neuronas que se pierden no se recuperan". Frases de ese tipo pasaron a engrosar la lista de los mitos que la ciencia está demostrando ser falsos.

Diversas investigaciones han revelado que en el cerebro sí se crean nuevas neuronas a través de un proceso que se llama "neurogénesis". Este se realiza a partir de un grupo de células "madre" que son capaces de dividirse y dar origen a una nueva célula que, posteriormente se transformará en una neurona.

La neurogénesis ha sido probada en varios modelos animales, como ratas y monos. Pero las pruebas en humanos han sido escasas y polémicas. Mientras la piel, los músculos y la sangre están en permanente renovación, no ocurre lo mismo con el cerebro, pues la gran mayoría de las neuronas tiene su origen en el desarrollo fetal y se mantienen hasta la muerte. Sin embargo, hace cerca de un siglo sabemos que no todas las células cerebrales tienen ese mismo comportamiento. Hay evidencia de que, en animales, existe un grupo de células "madre" capaces de generar nuevas neuronas, que se mantiene hasta la adultez.

Los primeros trabajos que dan cuenta de esto datan de 1901. Desde entonces, han surgido decenas de investigaciones que indagan en esta materia. ¿Por qué tanto interés en ellas? Simplemente porque muchos neurocientíficos consideran la capacidad neurogénica como una de las herramientas por las cuales el cerebro puede mantenerse sano y en constante aprendizaje durante la vejez. Entender los factores que mejoran o deterioran esta posibilidad de renovar neuronas puede contribuir a mejorar la calidad de vida.

La neurogénesis ocurre sobre todo en las fases tempranas del desarrollo prenatal, pero puede tener lugar, en menor medida, en la etapa adulta. Conocer ese proceso es importante porque, en modelos animales, se ha visto que se relaciona con la mantención de las capacidades cognitivas y de aprendizaje. Por eso, la llamada "neurogénesis adulta" puede ser un factor importante para que una persona pueda ser autosuficiente en edades avanzadas de su vida.

En abril de 2018, la prestigiosa revista *Nature* publicó un artículo que, de inmediato, prendió las alarmas. Era un trabajo de un grupo liderado por el neurobiólogo mexicano Arturo Álvarez-Buylla, quien aseguraba que la neurogénesis adulta era casi inexistente en el cerebro de los primates, grupo al que pertenecen los humanos. Sin embargo, un mes después, un estudio de investigadores del Departamento de Psiquiatría de la Universidad de Columbia afirmó haber encontrado, en humanos sanos, células capaces de proliferar y mantener su número dentro de un área del cerebro, ligada al hipocampo, llamada "giro dentado anterior".

Esta discrepancia entre dos resultados no es nueva en esta materia. En 1901, la doctora Alice Hamilton –la primera profesora mujer de la Universidad de Harvard– reportó el hallazgo de procesos de mitosis o división de células en los cerebros de ratas adultas. Ella mencionó que, con los métodos con que contaba entonces, no podía saber de qué tipo de células cerebrales se trataba –si neuronas o glías– pero sí podía dar cuenta del proceso y de que este decrecía con la edad.

Pocos años después, en 1914, el premio nobel de Medicina Santiago Ramón y Cajal –considerado el "padre" de la neurociencia– publicó el segundo volumen de su libro *Estudios sobre la degeneración y regeneración del sistema nervioso*, en el cual señala que no se puede asegurar la presencia de neurogénesis o regeneración espontánea en el sistema nervioso de mamíferos adultos, a diferencia de lo que ocurre en los reptiles y los anfibios. Él atribuía esta pérdida de la capacidad de regeneración neuronal a la historia evolutiva de las especies mamíferas. Sin embargo, llamó a los científicos a estudiar sus causas.

No fue sino hasta 1962 que se llegó a las primeras pruebas de neurogénesis adulta. Joseph Altman, un investigador del Massachusetts

Institute of Technology (MIT), inyectó marcadores que se incorporan al ADN durante la división celular y encontró células que se habían replicado. Lo interesante es que, por su ubicación, estas podían corresponder a neuronas y no a glías, como se pensó sobre el trabajo de Alice Hamilton, 61 años antes. Y casi cuarenta años después del trabajo de Altman, en 1999, Elizabeth Gould, investigadora de la Universidad de Princeton, encontró las mismas señales en la corteza cerebral de macacos, dando cuenta de que este proceso de neurogénesis adulta podría estar relacionado con mejores habilidades cognitivas en los animales.

Desde hace casi treinta años que los científicos cuentan con mejores técnicas para detectar la neurogénesis adulta, por lo que ya es considerada como un hecho para algunos animales. ¿Por qué entonces este punto sigue provocando polémica? ¿Por qué el estudio de Arturo Álvarez-Buylla concluyó que la neurogénesis en el cerebro de primates adultos era casi inexistente? En su investigación publicada en abril de 2018 se consignó que la neurogénesis en humanos va disminuyendo a lo largo de la vida. Esta baja es bastante notoria a partir de los trece años de edad, por lo que podemos relacionar este descubrimiento con que los niños aprenden mucho más rápido y con que, a medida que envejecemos, nos cuesta más adquirir nuevos conocimientos.

Un mes después de la publicación de Álvarez-Buylla en la revista *Nature*, el grupo del Departamento de Psiquiatría de la Universidad de Columbia, Estados Unidos, liderado por J. John Mann, analizó 1.400 cerebros de personas fallecidas, descartando aquellos de quienes tenían antecedentes cardíacos o que consumían ciertos medicamentos o drogas, eliminando así el efecto que estas condiciones podrían tener para la neurogénesis. Tras este riguroso análisis, se seleccionó veintiocho cerebros de personas de entre 14 y 81 años de edad. En ese trabajo, se observó que la neurogénesis y la angiogénesis (capacidad de regenerar vasos sanguíneos) solo se encontraron en un área específica del cerebro: la parte anterior del giro dentado. Según ese hallazgo, esta corresponde a la zona donde se observa mayor nacimiento de neuronas y a la única que se mantendría activa a lo largo de la vida humana.

Por su parte, el estudio de Álvarez-Buylla indica que la neurogénesis se reduce a "casi imperceptible" en la adultez humana, ya que trabaja con un criterio muy estricto para evitar considerar como precursor algo que podría no serlo. Frente a los trabajos que han dado cuenta de neurogénesis en el giro dentado del hipocampo, manifiesta cautela. "Se han encontrado neuronas con marcadores asociados a células nuevas, pero estos marcadores también pueden permanecer en las células por muchos años". Alude a que estas pueden ser neuronas de "lenta maduración". Para él, aún no está claro si en los mayores se siguen generando nuevas neuronas. Pero, agrega, esto no es un tema zanjado y aún "queda mucho cerebro en humanos por estudiar".

Un punto en común entre el estudio de Álvarez-Buylla y el de J. John Mann es que ambos muestran que la neurogénesis se reduce con la edad. Si nos centramos en el segundo trabajo, veremos que los seres humanos sí tenemos neurogénesis adulta pero que los efectos ambientales podrían afectarla, como ciertos medicamentos, drogas, alcohol o tabaco.

GLOSARIO

Células gliales o glías: son células del sistema nervioso que colaboran con las neuronas; les proporcionan los nutrientes necesarios para su funcionamiento; producen mielina, sustancia que aísla y protege a las fibras nerviosas; regulan la neurotransmisión y limpian los desechos, entre otras cosas.

Descubren la fábrica de sueños

Felipe Tapia

La Biblia está llena de pasajes en los que Dios se comunica con los hombres a través de los sueños. José de Egipto pudo salvar de la hambruna a ese país al interpretar los sueños con vacas gordas y flacas del Faraón. Y otro José, el de Nazaret, recibió mientras dormía un mensaje del ángel Gabriel: María, su mujer, esperaba un hijo del Espíritu Santo. Varios siglos después, Sigmund Freud, el creador del psicoanálisis, dio otro sentido a los sueños: son mensajes del inconsciente de cada persona; y, a través de su análisis, pudo llegar al diagnóstico y la cura de distintas patologías mentales.

Los sueños han intrigado, e inspirado, a la humanidad desde siempre. Y el mundo de la ciencia no escapa a la atracción que provoca este misterio de la mente. Desde la neurociencia, por ejemplo, se han realizado cientos de estudios que buscan explicar su origen y su función.

En los años cincuenta hubo un hallazgo muy importante que definió el correlato cerebral del sueño. Se realizó midiendo la actividad eléctrica del cerebro de personas dormidas a través de un electroencefalograma. Así, se descubrió que había dos etapas durante este proceso de descanso: el "sueño no-REM" y el "sueño REM". Estos nombres vienen de la expresión "movimiento ocular rápido", cuya sigla en inglés es REM. En el primero, la persona dormida está inmóvil, desconectada del ambiente y no tiene ningún tipo de experiencia consciente; en el segundo, la persona está igualmente inmóvil y sin experiencia consciente, pero tiene movimientos rápidos de los ojos, aunque estén cerrados, y una actividad cerebral similar a la de alguien que esté despierto.

Luego, se observó que, si una persona era despertada durante la etapa REM, ella reportaba que había estado soñando hasta ese momento. Esto permitió concluir que entrar en esa fase equivalía a estar soñando.

Sin embargo, hoy se sabe que esto no siempre es así y que hasta un setenta por ciento de las personas despertadas durante la etapa no-REM sí reporta sueños. Y, aunque en menor proporción, hay individuos que no los informan durante la fase REM. Es por esto que un equipo de científicos liderados por Francesca Siclari, del Departamento de Psiquiatría de la Universidad de Wisconsin, Estados Unidos, investigó en detalle la actividad eléctrica cerebral durante el sueño, utilizando un electroencefalograma de alta densidad que permite identificar las zonas activas con mayor precisión.

Se despertó a los participantes del estudio varias veces durante la noche, lo que permitió clasificarlos en tres grupos: lo que soñaron algo y lo recuerdan; los que soñaron, pero no recuerdan los detalles; y los que no soñaron. A los que soñaron se les pidió que describieran el tipo de sueño, si incluía experiencias sensoriales o no; y su contenido, si había interacción con otras personas, lugares, sensaciones o emociones. El siguiente paso fue relacionar esa información con los datos obtenidos por el electroencefalograma. Para ello, se clasificó la actividad cerebral en dos tipos: una de alta y otra de baja frecuencia.

La actividad de baja frecuencia, que corresponde a ondas amplias y lentas en el electroencefalograma, se relaciona con disminución de la actividad y la capacidad de comunicarse entre distintas áreas cerebrales, siendo este el tipo de onda que se observa, por ejemplo, en personas inconscientes. Por eso, era esperable que este tipo de registro disminuyera en áreas que estuvieran haciendo algún tipo de trabajo activo, en especial si requería intercomunicación entre distintas áreas cerebrales.

Cuando se hizo una comparación entre las personas que reportaron sueños y las que no, se descubrió que una diferencia constante era la disminución de las ondas amplias y de baja frecuencia en una "zona activa", ubicada en una parte superior lateral y posterior de ambos lados del cerebro. Por eso, se pensó que esta zona estaría realizando un mayor trabajo en todas las personas que soñaron algo, independiente de si recordaban el sueño o no y de si había ocurrido durante las etapas REM o no-REM.

Por otro lado, la actividad de alta frecuencia, que corresponde a ondas rápidas y de corta duración en el electroencefalograma, está relacionada al aumento de la actividad neuronal y es el tipo de onda que se observa en las personas despiertas, en especial en áreas que realizan mucho trabajo, como las que procesan la información visual. Cuando se comparó esta actividad en los dos grupos de personas, se constató que quienes soñaron tuvieron un aumento de trabajo en la "zona activa" del cerebro, pero también que este se extendía a otras zonas de la corteza cerebral, hacia arriba y hacia adelante.

Para comprender el funcionamiento de estas "zonas extra", los investigadores se fijaron en los contenidos de los sueños de los participantes. Y constataron que estas áreas "extra" tenían una directa relación con lo soñado. Por ejemplo, un sueño que incluía rostros de personas se asociaba a la actividad de la zona llamada "facial fusiforme", que es la encargada del reconocimiento de las caras; o, si el sueño involucraba movimiento, se activaba el surco temporal posterior, a cargo de la percepción del movimiento corporal.

Este trabajo permitió determinar la existencia de un área principal, en la zona parieto-occipital del cerebro que, al activarse, produce el inicio del sueño; y que el resto de las regiones involucradas dependerá del contenido del sueño.

Tomando en cuenta estos resultados, los científicos generaron un algoritmo predictivo que, según los niveles de alta y baja frecuencia de la "zona activa", pretendía determinar si la persona estaba soñando o no. Tras conocer la respuesta de los participantes al ser despertados, se advirtió que el algoritmo acertó en el 87 por ciento de los casos, siendo mejor para predecir la presencia de un sueño que su ausencia.

Este estudio nos acerca un poco más a la comprensión de este misterioso fenómeno, ya que nos muestra los procesos cerebrales involucrados en él. Pero aún queda un largo camino para entender el sentido de los sueños y si es verdad que nos quieren decir algo.

La posibilidad de crear nuevas neuronas se hace realidad

Enrique García

Pese a que ganó el premio Nobel en 1906, al español Santiago Ramón y Cajal le costó, en sus inicios, hacerse oír por sus colegas de otros países europeos. Durante un congreso de la Sociedad Anatómica Alemana, en 1889, debió coger del brazo a más de un científico alemán para hacerlo mirar en su microscopio y poder explicarle –en francés, el único idioma que sabía aparte del castellano– lo que había descubierto: nada menos que la existencia de las neuronas. Este precursor de la neurociencia fue ganando respeto poco a poco entre sus pares y hoy se sabe que tenía la capacidad de ver e interpretar cosas que los demás no veían. Con el tiempo, gran parte de sus ideas e intuiciones han sido demostradas gracias a los avances de la ciencia.

En 1896, por ejemplo, advirtió que en el organismo existían dos tipos de células: las no especializadas, o indiferenciadas, capaces de regenerar los tejidos, y las células adultas, que no podían retornar a un estado embrionario. Él fue uno de los primeros científicos que, aunque sin ponerle ese nombre, abordó el concepto de células madre y, luego, el de la regeneración del sistema nervioso.

La medicina regenerativa aplicada al cerebro ha tenido un gran desarrollo desde entonces, poniendo en jaque la tradicional creencia de que las neuronas que mueren producto de un traumatismo, el envejecimiento o una enfermedad, no podían ser reemplazadas.

La génesis de un ser humano comienza a partir de dos células: el espermatozoide y el óvulo. Ambos se fusionan para formar un ovocito y, a partir de este, se crean los más de 250 tipos celulares que conforman nuestro organismo. La generación de toda esta diversidad tiene lugar a partir de unas pocas células a las que se ha llamado "madre" o "progenitoras". Hasta 2006 se pensaba que este proceso solo podía ocurrir en un sentido. Luego surgió la pregunta: ¿es posible dar marcha atrás y obtener células parecidas a las originales o progenitoras?

En 2006, un equipo liderado por el doctor Shinya Yamanaka descubrió la existencia de unos factores de transcripción (proteínas que se unen al ADN y permiten su expresión) que, una vez introducidos en una célula adulta y diferenciada, provocaban un proceso de reprogramación de esta, haciendo que se convirtiera en una célula madre "pluripotente", capaz de generar una gran diversidad de tejidos diferentes. Desde entonces, esta técnica de reprogramación descrita por Yamanaka se ha aplicado en el estudio de numerosas patologías, como las enfermedades neurodegenerativas y los traumatismos craneanos.

Uno de los trabajos que aplicó esta técnica es el que publicó la revista *Neuron* en 2019. Se trata de un conjunto de experimentos realizados por Nicola Matuggini y Riccardo Bocchi con ratones modificados genéticamente, en los que se exploró la posibilidad de convertir en neuronas a los astrocitos que rodean una lesión en la corteza cerebral, por medio de la reprogramación celular. Los astrocitos son un tipo de células gliales o glías, que apoyan a las neuronas, entre otras importantes funciones, y que son capaces de expresar diferentes genes, según la posición que ocupen en el cerebro.

Para la reprogramación celular de los astrocitos, se emplearon tres tipos de virus distintos y se analizaron los resultados obtenidos por cada uno de ellos. Dichos vectores virales contenían un factor de transcripción llamado Neurogenina 2, que en un laboratorio es capaz de convertir a los astrocitos en neuronas. Sin embargo, cuando este mismo proceso se aplicó en un animal vivo, fue muy poco eficaz y se logró un número muy pequeño de neuronas. Para superar esto, se combinó la Neurogenina 2 con otro factor de transcripción llamado Nurr1. Se observó, entonces, que la combinación de ambas proteínas mejoraba sustancialmente los resultados y se obtenía una mayor cantidad de astrocitos que se transformaban en neuronas.

Luego, se analizaron las neuronas que provenían de los astrocitos para evaluar su capacidad de integrarse al resto de la corteza cerebral.

Y se observó que estas expresaban los mismos genes que sus neuronas vecinas y que las que estaban en ese lugar antes de la lesión. Por último, se estudió la relación de estas nuevas neuronas con sus vecinas a través de una técnica de electrofisiología que analiza las corrientes eléctricas en las uniones entre las células para estudiar si hay comunicación entre ellas. El resultado determinó que las nuevas neuronas eran reconocidas por sus vecinas como si fueran originarias de ese lugar.

En suma, se observó que las nuevas neuronas, creadas a partir de los astrocitos, eran capaces de reconstruir los circuitos neuronales dañados por una lesión. Esto podría permitir recuperar funciones cerebrales perdidas o dañadas y abrir esperanzas a la curación de enfermedades hasta ahora sin tratamiento.

La reprogramación directa de las células gliales representa una estrategia prometedora a la hora de reparar daños cerebrales, lo que abrirá, en un futuro no muy lejano, la posibilidad de regenerar regiones de la corteza que hayan sufrido lesiones o traumatismos. Sin embargo, aún está pendiente afinar más esta técnica para que pueda ser usada en la práctica clínica.

En busca del gen de la homosexualidad

Patricio Soto

"How gay are you?" es el nombre de una aplicación que se comercializó en 2019 y que ofrecía calcular el grado de homosexualidad de una persona a través del análisis de su ADN. Poco duró el intento. La comunidad científica reaccionó de inmediato, señalando que una simple aplicación no es capaz de analizar la composición genética de las personas ni menos de predecir su orientación sexual a través de sus genes.

Días después, la compañía que subió la aplicación decidió cambiar su nombre a "122 shades of Gray", en referencia a las 122 variables genéticas escogidas para determinar la orientación sexual. "En GenePlaza entendemos muy bien que no hay un gen gay, sino muchísimas variantes producen efectos muy pequeños y que, además, a esto hay que añadir factores ambientales", señaló el fundador de la empresa Alain Coletta, al explicar el cambio de nombre del producto. Finalmente, en noviembre de 2019, el portal decidió bajar la app.

Uno de los científicos que reclamó por la difusión de "122 shades of Gray" fue Benjamin Neale, genetista del Instituto Broad, quien participó en un estudio que en agosto de ese año publicó la revista *Science* y que concluyó que no existe un gen que pueda determinar la homosexualidad. Este trabajo fue liderado por Andrea Ganna, biólogo del Instituto de Medicina Molecular de Finlandia, y convocó a varios centros de estudios y universidades de Europa y Norteamérica. En él se reunieron los datos de 409 personas inscritas en el proyecto BioBank, del Reino Unido, y de 68.500 participantes del centro de genética 23andMe, de Estados Unidos.

De ese grupo, la investigación se centró solo en quienes informaron haber tenido al menos un encuentro sexual con personas del mismo sexo. Un resultado preliminar fue que ese tipo de conducta se observó más en las generaciones jóvenes. Luego, se analizó la arquitectura genética de estas personas en busca de características comunes. La búsqueda se centró en "polimorfismos" o variaciones genéticas de las secuencias del ADN. En los hombres del grupo investigado, se encontró un porcentaje importante de polimorfismos en los cromosomas 11 y 15; y en las mujeres, en el cromosoma 4.

Antes, en otros estudios, algunos genes de esos cromosomas, cercanos a los que presentaban polimorfismos, se habían relacionado con características distintas a la homosexualidad. En personas de sexo femenino, genes del cromosoma 4 se han asociado con la autopercepción del desempeño académico; genes del cromosoma 11 se han relacionado con la codificación de receptores olfatorios y la sensibilidad para ciertos aromas; y en el cromosoma 15 se han encontrado genes que intervienen en la calvicie, en hombres, y en la regulación de hormonas sexuales durante la pubertad. Pero ninguno de estos genes tiene una relación directa con conductas sexuales entre personas del mismo sexo.

Las conclusiones del trabajo publicado por *Science* señalan que no se puede determinar la existencia de un gen homosexual ni menos pronosticar las conductas homosexuales de una persona, ya que los genes que presentaban polimorfismos se encontraban adyacentes a genes responsables a otros fenómenos, algunos de los cuales se relacionan de modo indirecto con la sexualidad. Los investigadores concluyen que, debido a la alta complejidad de estos análisis, no existe un determinante genético que permita referirse a un supuesto "gen gay" ni tampoco que pueda responder a la interrogante "se nace o se hace gay".

El estudio concluye que el comportamiento sexual entre personas del mismo sexo está influenciado no por un gen ni por varios sino por muchos. "Sin embargo, quedan por explorar más incertidumbres, incluido el modo en que las influencias socioculturales sobre las preferencias sexuales pueden interactuar con las influencias genéticas".

La orientación sexual y la identidad de género tienen una amplia gama de opciones y no corresponden a una idea dicotómica de atracción por un hombre o por una mujer. Esto complejiza aún más la forma de análisis y la búsqueda de similitudes genéticas en personas con conductas sexuales específicas. Este trabajo es un avance para desmitificar la idea de un "gen gay" y de que se puede predecir la conducta sexual a partir de un estudio genético.

GLOSARIO

Polimorfismo: es una variante genética en la secuencia del ADN entre individuos de una misma especie y que se encuentra con una frecuencia superior al 1 por ciento. Por debajo de ese porcentaje, se le considera una "mutación".

CAPÍTULO II
La naturaleza es sabia

"Tres dimensiones tiene la vida según Korzybski. Largo, ancho y profundidad. La primera dimensión corresponde a la vida vegetal. La segunda dimensión pertenece a la vida animal. La tercera dimensión equivale a la vida humana. La vida de los vegetales es una vida en longitud. La vida de los animales es una vida en latitud. La vida de los hombres es una vida en profundidad".

Jorge Luis Borges. *Discusión*. "La penúltima versión de la realidad"

El juego favorito de las ratas

Felipe Tapia

"Quería entender el origen de la creatividad, del juego y de la alegría compartida, y para eso tenía que internarme en el corazón de las tinieblas". La primatóloga chilena Isabel Behncke viajó en junio de 2009 al poblado congoleño de Wamba a instalarse en un centro de estudios de la Universidad de Kioto, abandonado a causa de la guerra del Congo. Su objetivo era estudiar en su hábitat a los bonobos, grandes simios a quienes había observado durante meses en el zoológico de un pequeño pueblo inglés, donde se maravilló con su forma de relacionarse: si había tensiones entre ellos, las resolvían jugando o teniendo sexo; pasaban largas jornadas entretenidos en juegos grupales e incluso al enfrentarse a los recién llegados, el modo de conocerse era jugando.

El interés por conocer más a estos primates la llevó a internarse en uno de los sitios más peligrosos de África, la selva congoleña, donde permaneció seis meses y al que volvió los dos años siguientes. Ella quería saber por qué estos simios –que tienen solo un 1,3 por ciento de diferencia genética con los humanos– aislados por un río y en medio de un mundo salvaje, han creado una de las convivencias más pacíficas de la Tierra. ¿Cuánto de ellos hay en nosotros? ¿Qué rol cumple el juego en todo esto?

Las prácticas lúdicas de los bonobos despertaron la curiosidad de Isabel Behncke por el importante rol que cumplen en su fuerte cohesión social. El comportamiento de juego es común en muchas especies animales y, al parecer, es un rasgo favorecido por la evolución. Su universalidad ha llevado a que distintas ramas de la ciencia lo estudien. Y la neurociencia no es la excepción. ¿Cuáles son las bases cerebrales que generan el juego en las distintas especies? En busca de esta respuesta, un grupo de investigadores de la Universidad de Humboldt, en Berlín, Alemania, decidió hacer un experimento inusual en animales.

Las pruebas más comunes utilizadas con animales son las de condicionamiento, en las cuales se busca asociar una acción a un estímulo; por ejemplo, enseñar a un ratón que si realiza una determinada acción recibirá un alimento. Sin embargo, esto no funciona cuando lo que se pretende estudiar es el juego, ya que se trata de una experiencia libre y que se realiza solo por el gusto de hacerlo.

Los investigadores de la Universidad de Humboldt decidieron centrarse en el juego de las escondidas, que es muy fácil y que se practica con las mismas reglas desde los tiempos de la antigua Grecia. Y, pese a su simplicidad, presenta una cierta complejidad en relación a los típicos juegos que se observan en animales de laboratorio, que suelen ser físicos, de golpes y empujones. En las escondidas, en cambio, los jugadores cumplen roles: el que busca y el que se esconde.

Los científicos se preguntaron si las ratas serían capaces de aprender una versión de dos participantes y si las áreas del cerebro involucradas en el proceso serían las mismas que se activan en los humanos. Entonces, prepararon el escenario: una sala de unos 30 metros cuadrados en la que dispusieron un conjunto de cajas y paneles de cartón, algunos opacos y otros transparentes, que servían como escondites. Los participantes: una rata y un investigador. Para comenzar, el animal era puesto en una "caja de inicio", la cual permanecía cerrada unos segundos para darle tiempo al científico de esconderse. Luego, se abría y el animal salía a buscarlo. Cuando cambiaban de rol, la "caja de inicio" permanecía abierta y el investigador dejaba de mirar durante unos 90 segundos para darle tiempo a la rata de esconderse. Al finalizar el juego, en ambas modalidades, el investigador pasaba un momento relajado de prácticas lúdicas con el ratón, más simples y físicas, antes de devolverlo a su jaula. Y durante los experimentos, se registró el camino que hacía el roedor y los chillidos que emitía, algunos de los cuales no son audibles para el oído humano.

Tras una primera etapa que se extendió por dos semanas, las seis ratas del experimento aprendieron a buscar a su compañero de juego y cinco de ellas aprendieron también a esconderse. Las pruebas en las que la rata debía buscar se realizaron en tres formatos para entender mejor cómo el animal guiaba su búsqueda. En el primero, el investigador se escondía en un lugar al azar; en el segundo, se dejaba la caja de inicio abierta para que la rata pudiera ver donde se escondía el científico; y en el tercero, el investigador se escondía muchas veces en el mismo lugar y solo al final cambiaba de sitio. El tiempo que tardaba el animal en encontrar a la persona era menor cuando la rata lo había visto esconderse; y el lapso que le tomaba encontrarlo iba disminuyendo en la medida en que el investigador repetía el lugar del escondite y volvía a aumentar cuando este cambiaba de lugar.

Cuando las ratas tenían el turno de esconderse, tardaban poco en hacerlo. Frente a las distintas cajas, preferían las opacas por sobre las transparentes. Esta acción no se observó cuando les tocaba buscar a su competidor ya que, en general, no entraban a las cajas y, si lo hacían, las elegían al azar y no según su opacidad. Esto indicó que el comportamiento registrado al esconderse era específico de esa situación y no una tendencia natural de la rata.

Los roedores emitían una variedad de sonidos durante el juego, pero estos se concentraban al inicio, cuando salían de la caja y, al final, cuando interactuaban lúdicamente con el investigador. Durante el juego, las ratas permanecían en silencio mientras buscaban al investigador, cuando les tocaba esconderse y, curiosamente, también cuando eran encontradas, como si quisieran pasar inadvertidas en ese instante.

Además, se realizaron registros de la actividad cerebral de las ratas mientras jugaban. La zona cerebral clave fue la corteza prefrontal, la cual –también en humanos– se encarga de la proximidad social y del seguimiento de reglas. Se observó, entonces, que ciertas neuronas de esa zona solo estaban activas cuando la rata debía buscar, mientras otras se activaban cuando debía esconderse. Y otros grupos neuronales se activaban en eventos específicos dentro del juego. Es decir, la mecánica del juego y sus distintos pasos estaban comandados por grupos específicos de la corteza prefrontal.

Los investigadores descubrieron que las ratas eran capaces de aprender un juego de mayor complejidad a la que comúnmente se asocia a estos animales y que, además, podían generar ciertas estrategias dependiendo de su rol en el juego. Por ejemplo, guardar silencio mientras se escondían, cambiar el lugar de sus escondites, elegir las cajas opacas para ocultarse y buscar primero en los lugares en que el investigador se había escondido antes.

Una de las grandes preguntas de este trabajo es ¿por qué las ratas aceptaron jugar? No había ningún premio ni estímulo de comida al final del juego, como suele ocurrir en las pruebas de laboratorio con animales. Los investigadores esbozaron dos posibles explicaciones. La primera es que las ratas percibían como un beneficio la interacción que se producía al final del juego con su contrincante. Su comportamiento en "las escondidas" sería entonces la búsqueda de una recompensa condicionada. La segunda hipótesis, en cambio, apunta a que las ratas juegan simplemente por diversión. Pese a sonar obvia, esta opción tiene implicancias muy profundas, ya que involucra representaciones mentales complejas, como la capacidad de divertirse y de entender el concepto de "juego", para lo cual no existía evidencia en los roedores.

Los investigadores se inclinan por esta segunda explicación. Ellos tuvieron la percepción de que en realidad las ratas parecían divertirse con el juego, ya que las vieron dar "saltos de felicidad" (conducta que también se observaba cuando les hacían cosquillas) y buscar a quienes jugaban con ellos con movimientos rápidos y dirigidos. Además, después de varias sesiones de "escondidas" los animales se cansaban y no seguían jugando, cosa que nunca ocurre con las pruebas de condicionamiento con alimento, en las que los animales pueden repetir la misma acción cientos de veces. Parecía haber un propósito en las acciones de los animales, por ejemplo, en el hecho de que se escondieran en cajas opacas y no en cajas transparentes, lo que disminuye las posibilidades de ser encontrados y retrasa el final del juego. Al ser encontrados, no emitían sonidos e incluso intentaban huir y esconderse de nuevo.

Las ratas demostraban disfrutar del juego y, a la vez, comprender los distintos roles en las diferentes fases de este; entender que estaban jugando con otro ser vivo que cumplía otro rol en la dinámica. Aunque aún es pronto para considerarlo una conclusión, este estudio deja abierta la posibilidad de que las ratas poseen lo que llamamos "teoría de la mente", la capacidad de comprender la existencia de "uno mismo" y de "el otro", y de reconocer que ambos tienen una mente propia y distinta. Si se observa esta característica desde un punto de vista evolutivo, lo esperable no es un gran salto entre dos especies relacionadas sino más bien un cambio gradual. Por eso, quizás la pregunta más correcta no es si las ratas tienen o no esa capacidad sino en qué nivel la poseen.

Los lémures descubren la fórmula de la popularidad

Joel Novoa

Son los primates más amenazados del mundo. El 95 por ciento de las especies de lémur de Madagascar está en peligro de extinción como consecuencia de la deforestación y la caza. En un medioambiente amenazado, la colaboración y la vida en comunidad cobran aún mayor relevancia para asegurar la supervivencia de las especies. Los lémures viven en grupos altamente jerarquizados que pueden ir desde los doce a los veinticinco miembros, donde las hembras son las dominantes. Ellas son las que primero se alimentan y las que tienen prioridad a la hora de la limpieza. Los etólogos, que estudian el comportamiento de los animales, se han maravillado con ellos, ya que son animales expresivos y vocales. Los han visto balbucear como corderitos, ronronear como gatos, chasquear y crujir como ranas, lamentarse y hacer vocalizaciones como una manada de lobos aullando juntos.

Al igual que la mayoría de los animales, los lémures deben aprender de su entorno para sobrevivir y aplicar ese conocimiento para momentos claves de su vida como encontrar comida o defenderse de un depredador. Pero también aprenden de sus pares y usan esa misma información para tomar decisiones y formar redes. ¡Sí! Muchos animales forman complejas redes de relaciones sociales.

¿Cómo se forman estas conexiones?, ¿cómo se establecen los liderazgos de una comunidad? En el caso de los lémures se sabe que la transmisión del conocimiento está estrechamente relacionada con las conexiones sociales, de tal modo que la posibilidad de aprender depende de la posición del individuo en su red social. Por ejemplo, aquellos lémures que aprenden rápido, y ponen en práctica lo aprendido, reciben gestos más sociables por parte de sus pares, lo que permite que comiencen a ocupar posiciones más centrales en esta red. Esta centralidad la podemos entender como qué tan social o popular es un individuo dentro de su grupo de pares.

Tal como ocurre con nosotros, algunos lémures tienen una posición más central en sus redes sociales en comparación con sus pares. Son estos individuos dominantes los que tienen mejor acceso a nuevos conocimientos respecto de aquellos que están más aislados. No obstante, aún no se conocen todos los factores que explican esta situación.

Esta era la inquietud del equipo liderado por Daniel Rubenstein de la Universidad de Princeton, Estados Unidos, que se dedicó a estudiar dos colonias de lémures de cola anillada (*Lemur catta*). Como parte de su estudio, los investigadores desafiaron a los lémures a conseguir una apetitosa uva que se encontraba visible dentro de una caja de acrílico, la que podía ser obtenida solo tirando de una manilla. Se eligió una recompensa de tamaño pequeño porque de esa manera el premio se lo llevaría solo aquel lémur que resolviera la tarea, y eliminaría la posibilidad de que otros se vieran premiados a costa suya.

En ambos grupos, de alrededor de veinte individuos cada uno, los primeros en resolver la tarea fueron lémures juveniles, un macho en uno y una hembra en el otro. Durante el desarrollo del experimento hubo varios hechos que llamaron la atención al equipo investigador. Un buen número de animales solo se dedicó a observar al lémur que sacaba la uva de la caja, algunos incluso fueron a tirar la manilla con posterioridad y también hubo un grupo que nunca lo intentó.

El experimento fue decisivo para observar el comportamiento de los lémures que resolvían la tarea y el de los que no, pero también para conocer cómo se comportaba el grupo con el lémur que había conseguido la recompensa.

Rubenstein observó que los lémures que eran más populares tenían mayores probabilidades de ganar este desafío. Pero también se dio el proceso inverso. Los sujetos que consiguieron la uva se hicieron más populares o centrales entre sus compañeros. En otras palabras, demostrar que se tienen conocimientos para resolver un problema implica un aumento en la interacción que reciben de sus pares.

El equipo de investigadores dio con un hecho curioso: aquellos lémures que recibían más comportamientos amistosos e interacciones no aumentaban su grado de interacción hacia los demás. Este hecho contrasta con lo que ocurre en la mayoría de las especies de primates donde la interacción es mutua, y existe reciprocidad, por ejemplo, entre aquel que acicala y el que es acicalado. Dados los resultados, los cambios de comportamiento post experimento se verificaron desde el grupo al lémur victorioso y no a la inversa.

El hecho de formar conexiones con estos individuos ya sea mediante acicalamiento u otro tipo de interacciones sociales puede ser clave, ya que aumenta la probabilidad de que otros aprendan de ellos y, por ende, también sus probabilidades de sobrevivir, ya que la adquisición de este conocimiento puede resultar beneficioso. Por ejemplo, mientras más interacción con los demás se tenga, mayor es la probabilidad de recibir un buen consejo.

En conclusión, el equipo de Rubenstein determinó que, al menos basándonos en el comportamiento de los lémures, aprender cosas nuevas puede ser una consecuencia de tener muchos amigos, como también puede ser una causa.

El parásito que promueve el emprendimiento

Nicolás Palanca

La biología supera a la ficción. El hongo *Ophiocordyceps unilateralis* lleva cincuenta millones de años siguiendo la misma estrategia: ataca a las hormigas y las convierte en zombis, en seres sin voluntad. Luego de ser infectadas, las hormigas carpinteras tropicales empiezan a caminar de manera errática y son "obligadas" a abandonar sus nidos e instalarse en una planta que le ofrece un ambiente más húmedo, ideal para la reproducción del hongo. Ahí, a unos veinte centímetros del suelo, la hormiga muere mientras el *Ophiocordyceps* se alimenta de sus entrañas. Varios días después, el hongo empieza a salir por la cabeza de su víctima y cuando alcanza su tamaño ideal libera nuevas esporas que podrían infectar a otras hormigas, repitiendo el mismo ciclo para su reproducción.

Todos sabemos de la existencia de los parásitos, criaturas que viven sobre otra o en su interior. La lombriz solitaria, las garrapatas o el protozoo que causa la malaria son algunos ejemplos comunes. Estos parásitos, al igual que el resto de los seres vivos, necesitan sobrevivir y reproducirse. Aquellos que lo hacen mejor se vuelven, después de varias generaciones, más abundantes que los que se reproducen menos; esta es la base de la selección natural, el principal motor de la evolución en nuestro planeta. Así muchos parásitos han evolucionado para modificar el comportamiento de sus hospedadores para que les ayuden a completar su ciclo vital, aun a costa de sus vidas.

Aunque el *Ophiocordyceps unilateralis* afecta a especies con sistemas nerviosos más simples como son los insectos, los animales más complejos no se libran de la acción de otros parásitos. Es el caso del *Toxoplasma gondii*, un organismo unicelular que necesita vivir dentro de las células de otros seres vivos. Aunque puede infectar y reproducirse asexualmente dentro de casi cualquier animal de sangre caliente, la reproducción sexual, fase clave de su ciclo vital, solo puede ocurrir en el cuerpo de un gato. El toxoplasma se "instala" dentro de las células intestinales donde libera una gran cantidad de "huevos" (en realidad formas durmientes del parásito) que salen del cuerpo del gato junto con las heces.

De esta forma, cualquier animal que entre en contacto con las heces de un felino afectado por el toxoplasma puede ser infectado, y a su vez, convertirse en portador. Esto nos incluye a los animales humanos y se calcula que cerca de un tercio de la población mundial tiene trazas del parásito en su cuerpo. En Chile, el porcentaje es algo más alto y distintos estudios dan una estimación que varía entre el 35 y el 40 por ciento.

La infección por toxoplasma es en su mayoría asintomática; la mayor parte de las personas pasan por una corta etapa parecida a una gripe y a partir de entonces su sistema inmune mantiene al parásito bajo control. Sin embargo, hay dos grupos de riesgo: aquellos individuos con inmunodepresión (por ejemplo, personas afectadas por SIDA) y los fetos en desarrollo. La toxoplasmosis congénita, como resultado de una transmisión de toxoplasma de la madre al hijo a través de la placenta, puede causar importantes malformaciones en el feto en desarrollo, y es por ello que se recomienda que las embarazadas tomen medidas preventivas como evitar comer carne cruda y el contacto con gatos.

Pese a la ausencia de síntomas obvios y dañinos, este parásito tiene un aspecto que resulta inquietante. Como buen parásito el toxoplasma necesita llegar al interior de un gato para reproducirse. Esto implica entonces manipular a su hospedador para conseguir este objetivo. Ello se manifiesta con mucha claridad en un tipo de hospedador muy común que suele convivir con los gatos y tiene acceso privilegiado a su sistema digestivo: los roedores domésticos como ratas y ratones. Se ha observado que la infección por toxoplasma afecta su comportamiento haciendo que las ratas infectadas sean atraídas a lugares con olor a orina de gato, en vez de evitarlos, como hacen los animales sanos.

Así, los roedores infectados por toxoplasma muestran un comportamiento más activo, con menor aversión a lo nuevo, peores tiempos de reacción frente a las amenazas, lo que se traduce en que son cazados con mayor frecuencia que los animales sanos. Se ha estudiado que las ratas con toxoplasmosis tienen niveles inusualmente altos de dopamina, lo que podría explicar su conducta más arriesgada. La dopamina –uno de los muchos neurotransmisores que usan las neuronas para comunicarse entre sí– cumple innumerables funciones, entre ellas: la regulación de la memoria, la consolidación de los procesos relacionados con el aprendizaje; la coordinación de movimientos musculares e incluso se ha estudiado su participación como un factor decisivo en la toma de decisiones.

En el caso de las ratas infectadas, su comportamiento puede ser revertido con medicamentos contra el toxoplasma usando antagonistas de la dopamina que reducen su actividad en el cerebro. Estudios moleculares confirman que este parásito es capaz de incrementar la liberación de dopamina en células cerebrales, lo que explicaría los cambios de conducta observados en su hospedador.

Ya que existe evidencia de que la presencia de este parásito afecta el comportamiento de mamíferos, ¿puede el toxoplasma influir en el comportamiento de los seres humanos infectados? La evidencia que existe en la actualidad apunta a señalar que, pese a la falta de síntomas físicos evidentes, las infecciones latentes por toxoplasma tienen efectos en el cerebro humano. Esto no es algo inesperado, ya que un parásito que entre en un cuerpo humano tendrá el mismo comportamiento si entrase en una rata o un ratón: activar la producción de dopamina.

Al igual que los roedores, las personas con toxoplasmosis exhiben un deterioro en sus tiempos de reacción en situaciones complejas, lo que se traduce en un riesgo mayor de accidentes laborales y de tránsito. Del mismo modo y tal como ocurre a las ratas, algunos estudios consignan que la infección ocasionada por este parásito aumenta la impulsividad y la tendencia a correr riesgos. En general, estos cambios son sutiles y difíciles de medir, y sus resultados varían según los estudios, las muestras de población seleccionadas y los test administrados, un problema común cuando se investiga la relación entre la conducta humana y determinados factores externos.

No obstante, algunas investigaciones sostienen que estas tendencias a nivel personal podrían cobrar relevancia cuando se miran grandes poblaciones. Es el caso del estudio encabezado por Stefanie K. Johnson y que fue publicado en la revista científica *Proceedings of the Royal Society*. El equipo de investigadores quería probar la relación entre el parásito y las personas que se arriesgan a empezar sus propios negocios.

Como punto de partida, el equipo de Johnson tomó muestras de saliva de 1.495 estudiantes para determinar si tenían la infección por toxoplasma de manera latente (sin síntomas manifiestos). Los datos recogidos de ausencia o presencia de infección se cruzaron con la carrera elegida por los estudiantes. Los resultados fueron sorprendentes. El 22 por ciento dio positivo a la infección por toxoplasma, cifra que creció al 31 por ciento entre los estudiantes de carreras relacionadas con negocios. Visto de otra forma: las posibilidades de elegir una carrera de negocios eran 1.4 veces mayor en los sujetos infectados por toxoplasma que en aquellos sin infectar. Esta tendencia era todavía más clara y evidente cuando se examinaron las subdisciplinas dentro de los negocios. Así la proporción de estudiantes con toxoplasmosis era 1.7 veces mayor en las carreras que tenían que ver con la creación y dirección de empresas, que en otras consideradas menos arriesgadas, como por ejemplo contabilidad.

Johnson y su equipo repitieron el procedimiento de toma de muestras de saliva a 197 asistentes a eventos relacionados con emprendimiento, deteniéndose especialmente, en aquellos que habían comenzado sus propias empresas. Los resultados fueron muy similares: los infectados con toxoplasma tenían posibilidades 1.8 veces mayores de haber comenzado un negocio con éxito.

Hasta acá los números expuestos evidenciaron que existe una correlación consistente entre estar infectado con toxoplasma y el gusto por vidas con alto riesgo y recompensa. No obstante, el equipo de Johnson quiso ir un paso más allá y probar que esta tendencia individual podría replicarse a nivel global. Para ello recurrieron a las estadísticas del Monitor Global de Emprendimiento (Global Entrepreneurship Monitor, GEM, por sus siglas en inglés), uno de los referentes mundiales más importantes sobre esta materia. Al analizar las estadísticas de los últimos veinticinco años, determinaron que la prevalencia de la infección era un predictor constante y positivo de la actividad empresarial. En concreto, los países con mayores tasas de infección también tuvieron una fracción más baja de encuestados que mencionaron "miedo al fracaso" al iniciar nuevos negocios.

En esta publicación Johnson y su equipo reconocen que este estudio es correlacional, eso quiere decir que muestra una relación entre factores: sube la prevalencia de infección, sube el emprendimiento. Pero advierten, también, que los resultados son robustos y consistentes con lo que la ciencia ha descrito acerca del comportamiento de los parásitos.

Pese a que todavía nos quedan años de estudio para describir con más detalle los efectos del toxoplasma en los seres humanos, los resultados son fascinantes. Tenemos un microorganismo muy común en todo el mundo que puede influir en el comportamiento de las personas y causar efectos medibles en la cultura y economía de una sociedad. Pese a que en principio parece inquietante, no hay que alarmarse. La personalidad humana está afectada por una multitud de factores que la impulsan en distintas direcciones, y la presencia o ausencia de toxoplasma es solo una de ellas. A nivel social y económico, los resultados son más interesantes, ¿qué pasa si tenemos sociedades enteras en las que la actitud ante el riesgo está sesgada debido a una alta prevalencia de toxoplasma?

Cría cuervos y no te olvidarán

Víctor Calbiague

"Muchas especies de aves son muy sociables. Crían en colonias, se bañan en grupos, descansan en congregaciones y se alimentan en bandadas. Escuchan a hurtadillas. Discuten. Hacen trampas. Engañan y manipulan. Secuestran. Se divorcian. Exhiben un pronunciado sentido de la justicia. Hacen regalos. Juegan al balón prisionero y al juego de tirar de la cuerda con ramitas, filamentos de musgo y trocitos de gasa. Roban a sus vecinas. Advierten a sus crías que se mantengan alejadas de los desconocidos. Se burlan. Cultivan sus redes sociales. Rivalizan por el estatus. Se besan para consolarse mutuamente. Enseñan a su prole. Chantajean a sus padres. Convocan a testigos para presenciar la muerte de un compañero e incluso hacen duelo". Así resume Jennifer Ackerman su pasión por las aves en el libro *El ingenio de los pájaros*. Ella lleva más de treinta años investigando sobre ciencia y naturaleza, cree a pie juntillas que los pájaros piensan, planifican y entienden los beneficios de la reciprocidad en las relaciones, y que incluso algunas especies son capaces de recordar si los traicionaste en alguna oportunidad.

El altruismo es un comportamiento evolutivo reconocido en muchos animales en el que un sujeto ayuda a otro de forma desinteresada, sin importar los riesgos propios que esa acción involucra. Esta tendencia es común de observar en humanos y mamíferos como perros o gatos, lo que nos hace recordar algunos de los clásicos videos que circulan en internet, en los que un perro asiste a otro que fue golpeado por un auto en medio de una autopista con cientos de automóviles en movimiento a gran velocidad.

Sin embargo, entre los animales también se puede observar otro tipo de altruismo que se aleja bastante del definido con anterioridad. Nos referimos al "altruismo recíproco" donde el "valor" de la ayuda dependerá de "cuánto" el otro sujeto me podría ayudar en el futuro. En este caso el altruismo se transforma en un juego de valores y, por lo tanto, requiere un nivel superior en el procesamiento de la información a nivel cerebral. Es lo que podría verificarse en algunas especies de aves. Así lo destaca un artículo publicado en 2017 por J.J.M. Massen y sus colegas de la Universidad de Lund, Suecia, que probó la presencia de altruismo recíproco directo en los cuervos (*Corvus corax*).

Para algunos se trata de las aves más inteligentes del planeta, con habilidades similares a las de algunos primates. Ya se ha descrito que los cuervos intercambian apoyo mutuo con aquellos individuos con los que habían construido una relación, e inclusive, detienen esta cooperación cuando su compañero los ha engañado. Sin embargo, y pese a todo el conocimiento acumulado, los investigadores se percataron de que han puesto poca atención a las habilidades cognitivas que los animales "no humanos" poseen en las diferentes formas de reciprocidad. En particular, los cuervos cuentan con una de las herramientas cognitivas esenciales para la formación de recuerdos y para establecer relaciones: el reconocimiento facial.

Estas aves pueden reconocer el rostro de un cazador e inclusive recordar la dominancia de un individuo sobre sí mismo. En ambos casos, esta memoria puede durar varios años y se almacena después de tan solo una interacción. No obstante, estos ejemplos de memoria solo están relacionados a contextos de dominancia o miedo, llevando a los investigadores a proponer una nueva mirada.

El equipo de Massen se propuso un objetivo concreto y complejo a la vez: probar si los cuervos pueden recordar, después de una sola secuencia de interacción, con quién vale la pena cooperar en el futuro. Para probar su hipótesis los investigadores diseñaron un entretenido modelo experimental que consistió en darle la oportunidad al ave de intercambiar un trozo de pan (alimento de baja calidad) por un trozo de queso (alimento de alta calidad).

Los cuervos debían pasar por una primera fase de entrenamiento donde había dos investigadores conocidos instalados en los extremos de la jaula, uno le daba pan y el otro se lo intercambiaba por queso si se lo entregaban en la mano. Los nueve cuervos participantes se mostraron "conformes" con las reglas del juego y todos cambiaron pan por queso.

En una segunda etapa –denominada de siembra– el experimento mantuvo las características previas, salvo por dos cambios: se incorporó un segundo cuervo como observador y se sumó un investigador desconocido que ofrecía intercambiar el queso. Pero en una de las sesiones este mismo investigador se comió el trozo de queso en lugar de intercambiarlo, convirtiéndose de esta manera en un experimentador injusto.

En la etapa final de experimentación, realizada un mes después de la fase de siembra, también se mantuvo la idea central de intercambiar pan por queso. Solo hubo un cambio fundamental: se presentaron cuatro personas a los cuervos. En un extremo el que le daría el pan y, en el extremo opuesto, los otros tres. Un sujeto que sí intercambiaba el queso, otro que se lo comía y una persona completamente nueva y neutral que le devolvía el trozo de pan sin comerse el trozo de queso.

Una vez concluida esta fase, los investigadores comenzaron una nueva etapa de siembra invirtiendo los roles de los cuervos, ya que querían que todas las aves pasaran por la etapa de ser observador y por la de vivir la experiencia en primera persona.

¿Qué observaron? Después de dos días de la etapa de siembra todos los cuervos que experimentaron el intercambio en primera persona prefirieron hacer el trueque con el sujeto que les ofreció queso, demostrando que recordaban su rostro y que "sabían" que habían sido engañados por el otro. Transcurrido un mes los resultados se mantuvieron iguales, salvo por un cuervo que eligió al sujeto que se comía el queso.

¿Qué pasó con los cuervos observadores? Los resultados fueron completamente distintos. A los dos días, la mitad de los cuervos prefirió al sujeto que le dio el queso (experimentador justo) y la otra mitad optó por el injusto.

Con estos resultados el equipo concluyó que los cuervos pueden recordar después de una sola secuencia de interacción con quién vale la pena cooperar en el futuro, y que esta memoria puede durar al menos un mes. Por otro lado, los investigadores proponen que estas aves utilizan memorias episódicas, dado que contienen información sobre sus experiencias personales ocurridas en un lugar y en un momento temporal concreto. Por último, no se obtuvieron indicios claros de que las aves observadoras pudieran recordar al experimentador justo. Es probable que estos animales no lograron transformar la situación vivida en tercera persona en una experiencia que valiese la pena recordar.

Estas conclusiones proporcionan información acerca de un comportamiento que se piensa que es exclusivo de los mamíferos y que demanda altos requerimientos en el procesamiento de la información. También nos plantea nuevas interrogantes: ¿será posible que el altruismo recíproco pueda observarse en animales que aparecieron evolutivamente alrededor de cien millones de años antes que los humanos?, ¿es posible que el altruismo haya jugado un rol destacado en la evolución de las especies?

Un gusano revela los misterios del sueño

Felipe Tapia

Es transparente. Mide apenas un milímetro. Y pese a que solo tiene 302 neuronas puede moverse, alimentarse, evitar situaciones adversas y dormir. Un simple gusano, bautizado como *Caenorhabditis elegans* (*C. elegans*), se ha convertido en uno de los principales aliados de la ciencia para descifrar el complejo funcionamiento del cuerpo humano. La ventaja de estudiar este gusano es que su cerebro es bien conocido y su estructura está completamente mapeada. No hay que olvidar que tres premios Nobel fueron entregados a científicos que dedicaron sus investigaciones a este pequeño organismo.

¿Puede un gusano decir algo de los humanos? La experiencia dice que los gusanos, y este en particular, nos han enseñado muchísimo sobre los seres humanos. Gracias a ellos hemos aprendido de enfermedades como la diabetes, el cáncer y el Alzheimer. Gracias a ellos, también, hoy sabemos los mecanismos de cómo opera el sueño.

Hasta el día de hoy el sueño sigue siendo materia de múltiples estudios desde el punto de vista de la neurociencia, ya que aún desconocemos los mecanismos que lo generan, regulan y la función que cumple. De todos modos, el dormir parece ser un fenómeno fundamental para el sistema nervioso y comportamientos similares al sueño de los mamíferos se han descrito en todo el reino animal.

Una de las incógnitas no resueltas es saber cómo se inicia. Frente a esta duda existen dos hipótesis muy parecidas al dilema sobre qué fue primero: el huevo o la gallina. La primera establece que el cerebro está normalmente despierto y requiere una señal para dormirse, mientras que la segunda postula que siempre está dormido y necesita un estímulo para despertarse. La primera teoría –llamada "de arriba hacia abajo"– implicaría la existencia de centros cerebrales que inducen el sueño y llevan al resto del cerebro al estado "dormido". La segunda hipótesis –llamada "de abajo hacia arriba"– señala que el dormir es una propiedad intrínseca de la red neuronal, a la cual el cerebro tiende, y es a su vez regulada por centros cerebrales superiores que llevan al estado de vigilia.

Pese a que los seres humanos ocupamos un tercio de nuestra vida durmiendo, la ciencia no ha logrado entender del todo este proceso. En la búsqueda de respuestas se ha encontrado con un gran obstáculo. Dado que el sueño y la vigilia corresponden a estados cerebrales generalizados, para estudiarlos sería necesario poder ver el funcionamiento de todas las neuronas del cerebro al mismo tiempo. Considerando que el cerebro humano tiene alrededor de 86 mil millones de neuronas, esto resulta imposible con la tecnología que disponemos en la actualidad.

Es por esto que un grupo de científicos liderados por Annika Nichols, del Instituto de Investigación en Patología Molecular, en Viena, Austria, realizó un estudio para determinar la mecánica detrás del comportamiento de sueño en el gusano *C. elegans*. La ventaja de estudiar este gusano es que es transparente lo que permite observar en detalle la actividad de todas sus neuronas en tiempo real y conocer de esta manera cómo un cerebro puede cambiar de manera radical entre el sueño y la vigilia.

El *C. elegans* no duerme en un ciclo típico de día y noche, pero tiene un comportamiento equivalente al dormir de los mamíferos. Se trata de un estado que es llamado de "quiescencia" (quedarse quieto) que ocurre justo después de comer, de cansarse y en etapas de su desarrollo llamadas "letargo". En este estado comparte características fundamentales con el sueño en otras especies, incluyendo un aumento del umbral de excitación y reversibilidad (la capacidad de despertarse), una postura específica (disminuye la curvatura del cuerpo del gusano) y mecanismos que lo regulan (por ejemplo, si al animal se le impide dormir, luego duerme por más tiempo).

El primer paso fue determinar un mecanismo mediante el cual inducir el sueño en el gusano. Annika Nichols junto a su equipo trabajaron con una cepa social de estos gusanos que entran en letargo en conjunto. De esta manera, cuando disminuyeron de manera experimental la cantidad de oxígeno disponible, los gusanos entraban en ese estado, y si aumentaba despertaban.

Lo siguiente fue monitorear cómo cambiaba la actividad neuronal entre el sueño y la vigilia. Para ello Nichols y sus colaboradores utilizaron gusanos modificados genéticamente con un marcador que se encendía cada vez que la neurona mostraba actividad eléctrica. Bajo el microscopio, el transparente *C. elegans* permitió ver con detalle la actividad de cada neurona y el funcionamiento global de su sistema nervioso.

Utilizando el oxígeno como un "interruptor", los investigadores observaron los cambios en la actividad general del cerebro cuando despertaba y se quedaba dormido. De esta manera se pudieron clasificar dos estados principales. En el primero, el de letargo, cuando había bajos niveles de oxígeno, los gusanos se dormían de manera espontánea y casi tres cuartos de sus neuronas se mantenían inactivas. En el segundo, correspondiente al estado de vigilia, se observaba una alta actividad neuronal cuando el gusano se movía hacia atrás o hacia adelante y cuando se volteaba de derecha a izquierda.

Por último, utilizando herramientas matemáticas y computacionales para estudiar la dinámica cerebral inherente al cambio entre los distintos estados, se pudo observar algo interesante: al quitar los estímulos externos, el cerebro en su conjunto tiende hacia el estado de sueño, y es necesario agregar un estímulo, como el oxígeno, para que el cerebro vuelva a presentar los patrones de actividad de vigilia.

En conclusión, se observó que el sistema que induce el letargo en estos gusanos sigue un modelo "de abajo hacia arriba", en el cual el cerebro del gusano tiende "por defecto" a dormirse, y se requiere de sistemas de control que lo activen para llevarlo al estado de vigilia.

Aunque es discutible qué tanto se puede extrapolar lo observado en este gusano a otros animales y a los seres humanos, este estudio arroja nuevas luces sobre cuáles son los mecanismos que controlan el despertar y el dormirse, y puede ser de utilidad en la investigación de enfermedades asociadas a estos procesos, como el muy conocido insomnio. Además, el descubrimiento de que el dormir es un estado emergente del sistema neuronal de este animal, es decir, que surge por las características propias del conjunto de neuronas que lo componen y sus conexiones, tiene connotaciones incluso más profundas, ya puede ser de utilidad al conceptualizar otros fenómenos más complejos, como la conciencia, uno de los mayores enigmas de la neurociencia. Los múltiples estudios a lo largo de la historia realizados en el gusano *C. elegans* dan testimonio de que un animal tan pequeño y simple puede ser la clave para ayudarnos a entender las más grandes y complejas preguntas de la neurociencia y la humanidad.

La misteriosa sensibilidad de las plantas

Felipe Tapia

En el escenario hay una mujer inmersa en distintos tipos de plantas. Mientras se mueve lentamente en dirección a una luz también en suave movimiento, va interpretando a muchas voces diferentes, una polifonía de voces. Es una escena de *Estado vegetal*, la obra teatral más premiada en Chile en 2017. La dirigió Manuela Infante, inspirada en un controvertido libro del biólogo italiano Stefano Mancuso, quien lleva años afirmando que las plantas son "inteligentes".

En una famosa charla TED, Mancuso contradice lo expresado por Aristóteles en su escrito *De anima*, donde el griego expuso que las plantas tienen un "alma vegetativa", que es inanimada y, por ende, "no necesita sentir". El biólogo italiano sostiene, en cambio, que "sí pueden sentir" y que tienen una capacidad perceptiva mucho más sofisticada que la de los animales: "Su única posibilidad de sobrevivir es percibir cambios en su entorno. Por eso, cada ápice de sus raíces puede monitorear de forma continua y concurrente al menos quince parámetros químicos y físicos. Las plantas pueden mostrar un comportamiento maravilloso y complejo que solo puede describir el término inteligencia".

En su obra *Estado vegetal*, Manuela Infante quiso mostrar cómo las plantas funcionan como un colectivo, en una red ramificada; y cómo en cada una de sus partes está lo que necesitan para sobrevivir. "Las plantas tienen 'ojos' en sus hojas y 'cerebros' en la punta de sus raíces", expresa la artista, haciendo una analogía que ya había hecho Charles Darwin en su libro *El poder del movimiento de las plantas* de 1880.

Considerados por mucho tiempo seres inferiores en términos neurológicos, los vegetales están siendo hoy estudiados por muchos científicos que están cambiando la percepción sobre ellos. Las plantas no tienen un sistema nervioso como el de las especies animales, que nos permite detectar estímulos del ambiente y de nuestro propio organismo, y responder a ellos a gran velocidad mediante señales eléctricas a través de las neuronas. Pero las especies vegetales sí son capaces de detectar daño y de reaccionar, a través de señales químicas, cuando son atacadas por depredadores y, tal como ocurre con sus movimientos y su capacidad de comunicarse con su entorno, se trata de procesos que no son perceptibles para los ojos humanos. Sin embargo, sí están siendo develados a través de la ciencia.

Un equipo de investigadores de Japón y de Estados Unidos, liderados por Masatsugu Toyota, publicó un estudio en el que se analizó el mecanismo por el cual las plantas detectan el daño en sus hojas y responden a él. Y resultó ser sorprendentemente parecido al del sistema nervioso animal.

Pero antes de este trabajo, y en investigaciones con jazmines, se había descubierto una sustancia, llamada "ácido jasmónico", que se secreta hacia la savia y que viaja por la vasculatura de las plantas –conductos similares a nuestras venas– para dar señales de que se está recibiendo algún daño en las hojas. Esta sustancia, análoga a las hormonas en los animales, es capaz de producir respuestas en el resto de las hojas, como la producción de sustancias tóxicas o repelentes químicos contra los depredadores. Se trata de un proceso lento que puede tomar varias horas para llegar incluso a las hojas más cercanas.

Los investigadores liderados por Masatsugu Toyota decidieron centrarse en un proceso de autoprotección de las plantas mucho más rápido que el anterior y que resultó ser sorprendentemente similar al del sistema nervioso animal, pues se transmite a través de señales eléctricas. Para entender este mecanismo, los científicos se centraron en dos elementos presentes en la planta, el calcio y el glutamato, los cuales tienen un importante rol en la transmisión de las señales nerviosas en los animales; el calcio, al cambiar la carga eléctrica de las neuronas, y el glutamato, como un neurotransmisor.

Para analizar la transmisión de información a través de calcio y glutamato en los organismos vegetales, los científicos utilizaron la especie vegetal *Arabidopsis thaliana*. Esta planta se modificó genéticamente con el fin de que al interior de sus células se produjera una sustancia fluorescente que brillaba al entrar en contacto con calcio o con glutamato. Así, con una iluminación especial, era posible ver en tiempo real cómo cambiaban los niveles de calcio y de glutamato en las células de esta planta.

En el primer experimento, se permitió que una oruga comenzara a alimentarse de la planta y se observó que, en pocos segundos, aumentaban los niveles de calcio en ese sector. Luego esta alza del calcio avanzaba en las hojas contiguas en los siguientes dos minutos, a través de la vasculatura de la planta. El mismo fenómeno se produjo cuando una hoja era cortada con una tijera. Además, se observó que esta señal, al llegar a otra hoja, salía de la vasculatura y la invadía por completo, provocando en ella un aumento en los niveles de ácido jasmónico.

Luego, los investigadores midieron los cambios en los niveles de glutamato, observando un patrón similar al del calcio, con un aumento local inicial, una propagación al resto de las hojas y una invasión de la hoja objetivo. Así, demostraron que esta sustancia, que se utiliza en la transmisión neural dentro de nuestros cerebros, tiene un rol en las hojas de las plantas como una señal de daño y que gatilla una respuesta eléctrica rápida dependiente de calcio. Dicha respuesta se propaga en toda la planta en cuestión de minutos, provocando que todas las hojas activen mecanismos de defensa, como la liberación de sustancias tóxicas para los depredadores.

La reacción generada por el calcio y el glutamato provee a las plantas de un mecanismo mucho más rápido que el del ácido jasmónico para llevar señales de daño al resto del organismo, al utilizar a las células de la vasculatura de la planta como una vía de transmisión para una señal eléctrica. Este hallazgo nos muestra cómo la evolución puede llevar a soluciones similares en distintos organismos, utilizando estructuras y sustancias que ya están disponibles.

Estudios como este revelan que las plantas son organismos mucho más dinámicos y complejos de lo que puede observarse a simple vista; y que, pese a lo distintas que son a nuestra especie, pueden tener más cosas en común con nosotros de lo que imaginamos.

Las neuronas de la picazón contagiosa

Maximiliano Elgueta

Quienes han tenido hijos pequeños saben muy bien lo que es una invasión de piojos en sus cabecitas. En Chile, por lo general, son las madres las que deben acometer la tarea de eliminar a los invasores con champús y peines especiales. Y lo más desagradable de todo es que deben hacerlo sufriendo ellas mismas una enorme comezón en la cabeza. Y no es que las mamás se contagien la pediculosis, no. Lo que ocurre es que la picazón la sienten solo por observar a los niños, algo parecido a lo que ocurre con los bostezos.

Un equipo multidisciplinario de científicos de la Universidad de Washington, Estados Unidos, liderado por Yao-Qing Yu, se preguntó si la picazón contagiosa podía producirse también en animales y, luego se propuso descifrar los mecanismos moleculares y neuronales de este comportamiento.

Los investigadores pusieron a un grupo de ratones a los que llamaron "observadores" frente a otro grupo de roedores que presentaban un intenso rascado espontáneo. Los situaron en cajas transparentes, por lo que, si bien estaban separados, podían verse perfectamente. Luego, se repitió la prueba, pero esta vez los "observadores" estaban frente a ratones que no se rascaban, a los que se llamó "grupo de control".

Los observadores registraron un aumento en las veces que se rascaban después de haber visto a ratones con picazón espontánea. Luego, se repitió la prueba poniendo a los observadores frente a una pantalla que mostraba a un roedor en comportamiento de rascado. Y el resultado con los observadores se repitió. Pero cuando estos fueron puestos frente al grupo de control, no mostraron tener comezón. Estas pruebas dejaron en claro que la picazón contagiosa sí se da en ratones, a pesar de que no había señales auditivas u olfatorias que tuvieran relación con la imitación de esta conducta.

Para evaluar las regiones del cerebro involucradas en la picazón contagiosa, se analizaron tejidos cerebrales de ratones después de la prueba de imitación. Se reveló, entonces, que una de las áreas de mayor actividad neuronal fue la llamada núcleo supraquiasmático. Este resultado fue sorpresivo porque esta región es conocida por regular los ritmos circadianos, que apuntan a las variables biológicas dependientes de los cambios de luz generados por la rotación de la Tierra.

El equipo investigador centró su atención en una molécula que participa en el correcto funcionamiento del núcleo supraquiasmático, llamada "péptido liberador de gastrina" (GRP). Esta molécula, además, se requiere para la transmisión de la información de picor a través de la médula espinal. Se observó que los ratones que no tenían presencia de GRP no presentaron picazón contagiosa al realizar la prueba de imitación del rascado.

Luego de obtener esos datos, los investigadores bloquearon la actividad de las neuronas que presentaban la molécula GRP y, como resultado, los ratones casi no mostraron comportamiento de picor imitativo, al contrario de los que aún mantenían activas estas neuronas. Y, para corroborar aún más estos hallazgos, inyectaron GRP en las neuronas del núcleo supraquiasmático de ratones transgénicos que no lo producían de modo natural, obteniendo de ellos una conducta de vigoroso rascado.

A través de una técnica llamada optogenética –que combina métodos genéticos con el uso de luz para "apagar" o "encender" grupos de neuronas–, se estimularon neuronas productoras de GRP que estaban inactivas. Y el resultado fue que estos ratones comenzaron a rascarse.

Todas estas pruebas permitieron una serie de conclusiones. La primera es que la picazón contagiosa también se da en los animales y puede manifestarse con la simple observación de un video en el que se muestre una conducta de rascado. Otro hallazgo fue el rol que juega el núcleo supraquiasmático por medio de la secreción del péptido GRP y la unión con su receptor en las neuronas de esta zona, siendo claves para recibir, integrar y transmitir información de picazón inducida en forma visual.

De estos resultados surgen varias preguntas. ¿Cuál será el significado o la ventaja biológica de imitar el rascado?, ¿por qué esta conducta se ha conservado tanto en ratones como en humanos? Estas incógnitas aún no tienen respuesta, pero podría especularse con una función ancestral para alertar a otros frente a algún parásito epidérmico o algún invertebrado pequeño que sea dañino y cause picazón, permitiendo protegerse anticipadamente. También sería interesante investigar cómo intervienen en esta conducta las llamadas “neuronas espejo”, un tipo especial de neuronas que se activa cuando un sujeto ve a otro realizar una determinada acción.

GLOSARIO:

Péptido: es una molécula pequeña formada por la unión de pocos aminoácidos. Los péptidos interactuan con otras moléculas, siendo responsables de muchas funciones en nuestro organismo.

Los superpoderes de un microorganismo

David Ballesteros

Pesa alrededor de 2 kilos y alberga la no despreciable suma de 100 billones de bacterias de 400 especies distintas. Nuestra microbiota intestinal, definida como un ecosistema de microorganismos que habitan en el aparato gástrico, cumple un rol fundamental no solo en los procesos digestivos, sino también en funciones metabólicas inmunes y cerebrales. Y podríamos seguir sumando bondades. De hecho, recientes estudios postulan que la microbiota intestinal es tan importante para la salud humana que debiera ser considerada como un órgano en sí mismo. Otros han llegado a sostener que los humanos somos "superorganismos" gobernados, en parte, por los microorganismos que hospedamos.

Esta conexión entre el intestino y el cerebro es cada vez más reconocida en la comunidad científica. Pero este camino comenzó hacia finales del siglo XIX, cuando el investigador Iván Pávlov encontró la denominada fase cefálica de la digestión, donde comprobó que con solo ver un alimento el estómago ya empezaba a segregar ácidos digestivos.

Durante los últimos años se han sumado nuevos estudios que señalan que las bacterias que forman parte de la microbiota intestinal pueden generar estímulos que modifican el comportamiento del animal en que residen. El profesor Mauro Costa-Mattioli, de la Universidad de Baylor de Houston, Estados Unidos, ha realizado significativos avances en esta materia. En 2016 demostró que los hijos de madres alimentadas con una dieta muy alta en grasa mostraban un comportamiento tipo autista y probó que se podía revertir esa conducta con la inoculación de una sola bacteria en el intestino, *Lactobacillus reuteri* (*L. reuteri*). Y, en esta misma línea, verificó que *L. reuteri* incrementaba los niveles de oxitocina en el cerebro, una hormona que, entre otras cosas, mejora las habilidades sociales. Dos materias que resultaron claves para este estudio en particular.

Esta vez Costa-Mattioli se centró en estudiar el mecanismo mediante el cual *L. reuteri* es capaz de modificar un comportamiento tan complejo como la sociabilidad de un ratón. En otras palabras, quería identificar cómo una bacteria ubicada en el intestino logra modificar un comportamiento neurológico.

El primer paso fue evaluar si ratones que muestran algunas conductas propias del autismo tenían alteraciones en la microbiota intestinal y probar si *L. reuteri* también era capaz de restaurar las deficiencias en su sociabilidad. Los investigadores seleccionaron tres modelos de roedores: un ratón que tiene una mutación encontrada en personas con autismo, un segundo tipo transformado en autista con la administración de un fármaco específico (ácido valproico), y una línea de ratones que son naturalmente retraídos. Luego de tomar muestra de sus heces y de analizarlas se determinó que tenían un factor común: todos exhibían una microbiota distinta a la de ratones silvestres y una disminución en la población de la bacteria *L. reuteri*.

El siguiente paso en este estudio fue inocular la bacteria en los ratones retraídos. Durante cuatro semanas recibieron agua que contenía *L. reuteri* y despúes fueron sometidos a varias pruebas para observar posibles cambios en su sociabilidad. En las pruebas experimentales los roedores fueron expuestos a distintas situaciones para ver si preferían pasar más tiempo en compañía de otras ratas (conocidas o desconocidas) o elegían quedarse aislados dentro de su jaula. Dado que se trata de una especie de animales sociales y curiosos por naturaleza, pasar más tiempo solos que en compañía, o pasar igual tiempo con un ratón conocido que con uno nuevo, se considera un comportamiento asocial. El resultado de estas pruebas demostró que, al igual que los ratones silvestres, aquellos que fueron inoculados pasaban más tiempo acompañados.

Una vez establecido que *L. reuteri* era capaz de generar un estímulo que modificaba el comportamiento social de las ratas tratadas, los investigadores se preguntaron por el mecanismo mediante el cual lograba esta hazaña.

Se han descrito dos grandes vías de comunicación entre estos órganos. La primera es una comunicación química donde moléculas producidas por una bacteria permean el intestino y alcanzan el cerebro por medio del torrente sanguíneo; la segunda es una vía de comunicación eléctrica directa a través del nervio vago, un nervio que se conecta directamente con el cerebro y controla los actos involuntarios de órganos como la laringe, el diafragma, el estómago y los intestinos. El equipo se abocó entonces a probar estas dos alternativas. En primer lugar, usaron un químico sonda que debiera aparecer en exámenes de sangre si el intestino es tan permeable como para permitir el paso indiscriminado de moléculas. Sin embargo, este ensayo dio negativo. La primera vía estaba descartada.

Enseguida evaluaron la capacidad de *L. reuteri* para restaurar el comportamiento social en ratones a los que se les había cortado una parte del nervio vago (vagotomía), justo en el área que se comunicaba con el intestino. ¿Cuál fue el descubrimiento? Los ratones retraídos vagotomizados no recuperaron la capacidad de socializar, aunque fueran inoculados con *L. reuteri*.

¿Por qué no pudieron recuperar un comportamiento social? Para los investigadores la respuesta está en las estructuras cerebrales que podrían verse afectadas por la presencia o por la ausencia de *L. reuteri*. Ya sabían que cuando el nervio vago está activo (por la acción de esta bacteria) libera oxitocina en las áreas vinculadas al sistema de recompensa del cerebro. Es en ese sector donde la oxitocina se une a moléculas receptoras de esta hormona y desencadenan la sensación de placer y recompensa social. Eso en un nervio vago que funciona con normalidad.

En resumen, este trabajo comprobó que una bacteria es capaz de estimular la actividad del nervio vago y aumentar la producción de oxitocina en el cerebro, permitiendo que los estímulos sociales activen los centros nerviosos de placer y recompensa en nuestro cerebro, lo que permite aumentar la sociabilidad de los ratones que la habían perdido. Quizás vale la pena preguntarnos qué tan influenciado está nuestro comportamiento, no solo a nivel social, sino de preferencias o gustos personales, por organismos distintos a nosotros mismos. Este artículo es una invitación a reinterpretar el comportamiento animal y humano, y las interacciones tan complejas que dos organismos pueden desarrollar. Y aunque no podemos decir que nuestras decisiones son controladas por una bacteria, puesto que hay muchos más factores involucrados en la toma de decisiones, sí abre una puerta para entender algunas condiciones humanas donde el comportamiento se ve alterado y la sociabilidad disminuida, como en trastornos alimenticios, el trastorno de espectro autista y la depresión.

GLOSARIO:

Sistema de recompensa del cerebro: es un conjunto de estructuras nerviosas que hace que seamos proclives a repetir conductas y estímulos que nos gustaron en el pasado. El sistema de recompensa se activa frente a un estímulo externo (alimentos, sexo, música, drogas) y envía señales mediante conexiones neuronales, para que se liberen los neurotransmisores responsables de sensaciones placenteras como la dopamina y la oxitocina.

Cómo viven los animales la breve noche de los eclipses

Christian Poblete

Era la última expedición a las Indias. La historia cuenta que, en febrero de 1504, las naves de Cristóbal Colón atacadas por una plaga de termitas quedaron varadas por meses en las playas de Jamaica. Colón y su gente sobrevivían gracias a los trueques con los nativos, mientras esperaban ser socorridos. Pero la ayuda no llegaba; los indios se hartaron de esta situación y dejaron de entregarles comida. Colón pidió entrevistarse con el jefe de los nativos a quien le advirtió que el Dios de los cristianos estaba muy enojado porque no le daban carne y mandioca a su gente. Les predijo que la luna se teñiría de sangre y que era posible que el sol no saliera más por el horizonte. Colón –que siempre viajaba con un almanaque alemán y tenía conocimientos de astronomía– pudo predecir el eclipse del 29 de febrero, una fecha en la que una luna roja aterrorizó al poblado, que volvió sin dudarlo a alimentar a los navegantes. El suministro se mantuvo casi un año más, hasta que pudieron zarpar.

Los eclipses, ya sean lunares o solares, ya no nos causan el temor de antaño y muchas veces son una oportunidad de celebración. El eclipse de Babilonia, ocurrido el 31 de julio de 1062 a. C., es el más antiguo que se ha logrado fechar con exactitud. Ese fue el comienzo. Desde ese momento se han sumado cientos de referencias a este fenómeno astronómico, desde la Biblia hasta libros clásicos como *La Odisea* de Homero, además de escritos mayas y aztecas. En todos ellos, estos fenómenos astronómicos eran percibidos con gran temor y como signo de mal augurio. Se consideraba que el cielo era el hogar de los dioses y el sol representaba la principal de sus deidades, por lo que su desaparición inesperada presagiaba su muerte en guerras estelares e incluso peores calamidades, como el fin de la humanidad.

El desarrollo de la astronomía ha permitido no solo acabar con el temor hacia este fenómeno astral, sino por el contrario, encantar y convocar a un mayor número de interesados. De hecho, cada vez que se anuncia un eclipse total de sol son cientos los astrónomos, científicos y aficionados que se preparan para tener sus ojos puestos en el cielo. Hay un grupo, sin embargo, que cuando ocurren fenómenos astronómicos de esta naturaleza fija su atención en la Tierra: los etólogos que estudian el comportamiento de los animales en relación con su entorno.

Las observaciones de los cambios conductuales de los animales durante un eclipse total de sol no son nuevas, incluso los primeros manuscritos registrados sobre esta materia datan de 1544. Y, aunque las técnicas ocupadas para estudiar la relación entre la conducta animal y los eclipses han mejorado desde entonces, las investigaciones no han sido suficientes y tampoco han tenido el alcance científico requerido. Hay otro dato que sumar: la baja frecuencia con que ocurren estos fenómenos. Tanto así que, según la NASA, la oportunidad de observación es de aproximadamente una vez cada cien años para la misma ubicación.

Pero, ¿por qué influiría este fenómeno astronómico en el comportamiento animal? La respuesta radica en una propiedad intrínseca de los seres vivos que les permite detectar cambios en el ambiente y responder a ellos, los que, en el caso de los eclipses, vienen por el cambio en la intensidad de luz. La luz solar es uno de los principales factores que rigen la vida en la Tierra, pues no solo determina las condiciones atmosféricas y terrestres, sino que también es la fuente de energía para las plantas y un importante regulador de ritmos circadianos (como los ciclos de sueño) en variadas clases de organismos. Además, establece en ellos una señal que permite la sincronización de respuestas fisiológicas vitales, entre las que se incluyen procesos reproductivos, de hibernación y migración. Entonces, ¿qué sucede si la fuente vital de energía desaparece de manera repentina?

Un equipo de la Universidad de Nebraska, liderado por Emma Brinley, se hizo esta pregunta y, para responderla, programó una investigación que consistía en evaluar en tiempo real los efectos biológicos y ambientales producidos por un eclipse total de sol ocurrido en agosto de 2017 en

Estados Unidos. Los investigadores recurrieron a una combinación de equipos multimodales; instalaron grabadoras de audio de vida silvestre, cámaras infrarrojas con sensor de movimiento y lapso de tiempo, además de equipamiento para controlar los índices ambientales en el valle del Río Platte en el estado de Nebraska, Estados Unidos. En concreto el equipo de Brinley quería evaluar cómo la reducción drástica de la luz impacta en el comportamiento de diversas especies, en los cantos de algunas aves y en los sonidos de llamado de algunos insectos.

El eclipse duró tres horas, y el oscurecimiento completo del sol (totalidad) duró 2 minutos y 30 segundos. En este período la temperatura ambiental disminuyó en promedio 6,7 °C; la humedad aumentó en un promedio del 12 por ciento de la media diaria; y se verificó la presencia del fenómeno llamado "viento de eclipse", durante el cual los sonidos asociados con el viento, como el susurro de los pastos o ramas, disminuyeron más cerca de la oscuridad.

En la fase de oscuridad total del eclipse, en la que hubo una disminución lumínica del 67 por ciento, los organismos nocturnos aumentaron progresivamente su actividad comportándose tal y como lo hubieran hecho durante la noche. Las especies diurnas como las alondras y algunos tipos de grillos disminuyeron el número de vocalizaciones y cantos de llamada. Sin embargo, todas estas conductas volvieron a la normalidad una vez acabado el eclipse.

Entonces, los investigadores se preguntaron cuál era la variable que determinaba el cambio en el comportamiento, ¿era la intensidad de la luz u otros factores como la baja de la temperatura ambiental? Para ello emplearon un estudio complementario que establecía que la radiación solar era el factor principal que explicaba los cambios del comportamiento de las especies. Según esa investigación, las fluctuaciones de temperatura producen cambios graduales en la frecuencia de las llamadas de las especies, mientras que las alteraciones en la intensidad de la luz solar modifican los patrones de actividad de llamada de ciertas especies particulares.

Por último, el grupo multidisciplinario de la Universidad de Nebraska concluyó que los eclipses solares sí causan un cambio conductual en los animales, tanto diurnos como nocturnos, en los que pudo detectarse una disminución y aumento de actividad respectivamente.

Los resultados obtenidos en este tipo de experimentaciones dependen de varios otros componentes, tales como la época del año en que ocurre un eclipse, la ubicación de la zona de sombra máxima, hora del día, así como también de la variedad de especies que coexisten en el entorno. Sin embargo, el estudio de la Universidad de Nebraska es de los más completos en cuanto a registros se refiere, por lo que los cambios observados no se basaron en descripciones subjetivas (como sí ocurría con las primeras descripciones de estos fenómenos).

¿Y qué sucede en el caso de los humanos? Para responder a esta pregunta, hay que considerar dos cosas. En primer lugar, se sabe que el sol actúa como sincronizador principal de los ciclos circadianos influyendo sobre la síntesis de melatonina (hormona principal en la regulación del sueño) y, por otro lado, que el sistema nervioso es sensible a los cambios lumínicos. Sin embargo, la breve duración del eclipse total no tiene repercusiones sobre los ritmos biológicos que impliquen un cambio en la fisiología y conducta humana. Además, como es un acontecimiento que ocurre en lapsos distanciados de tiempo, no tendría un efecto acumulativo.

El daño que sí ha sido ampliamente documentado es el provocado a la retina cuando se observa un eclipse sin las precauciones pertinentes, por lo que se recomienda utilizar lentes certificados con filtros especiales para una observación segura de estos asombrosos fenómenos naturales. Así que si tienes la oportunidad (o suerte) de presenciar un eclipse total de sol, la invitación es a que agudices tus sentidos y también puedas notar los cambios que experimentan las especies con las que compartes mientras desaparece, por unos instantes, nuestra principal fuente de luz.

GLOSARIO

Ciclos circadianos: ciclo natural de cambios físicos, mentales y de comportamiento que experimenta el cuerpo en un ciclo de 24 horas. Los ritmos circadianos se ven afectados principalmente por la luz y la oscuridad, y están controlados por un área pequeña en el medio del encéfalo. Pueden afectar el sueño, la temperatura, las hormonas, el apetito y otras funciones del cuerpo.

Sí, se puede dormir sin un cerebro

Alejandra Díaz

En la mitología griega, Medusa es una joven mujer que fue violada por Poseidón, el dios del mar, tras lo cual la diosa Atenea convirtió sus cabellos en delgadas serpientes y, desde entonces, tiene la capacidad de convertir en piedra a quien la mira a los ojos. Quizás por sus tentáculos y por su peligrosidad, estos curiosos animales marinos fueron bautizados como medusas. Presentes en todos los océanos, estos animales pertenecen al grupo de los Celenterados, entre los cuales se cuentan algunas de las especies más antiguas del mundo. Investigadores aseguran que restos fósiles prueban que han estado en este planeta 700 millones de años. Hay una enorme variedad de ellas, desde las que miden menos de dos centímetros de diámetro hasta las que tienen una longitud de más de 36 metros, incluyendo sus tentáculos, que son entre cuatro y ocho, según su tipo. Pero la más curiosa de todas es la *Turritopsis nutricola*, considerada inmortal porque, al envejecer, su cuerpo se degrada hasta quedar convertido en un montoncito de células de las cuales renacen pólipos que crecen creando clones de sí mismos y volviendo a dar vida al animal.

Otra particularidad de esta especie marina es que no tiene un cerebro, pero sí neuronas, neurotransmisores y propagación de un impulso nervioso. Los científicos se han preguntado qué ocurre con el estado de sueño y de vigilia en estos animales que no tienen un sistema nervioso central. Hoy se sabe que algunas especies, como el gusano *Caenorhabditis elegans* y algunos insectos, presentan un estado de quiescencia nocturna, que básicamente es una disminución de actividad y una baja respuesta a los estímulos, muy similar a lo que ocurre cuando dormimos. Pero, ¿qué ocurre con el descanso de las antiquísimas medusas?

Para despejar estas dudas, el investigador Paul Sternberg, del Instituto Médico Howard Hughes de Estados Unidos, se propuso estudiar a la medusa del tipo *Cassiopeia xamachana*, conocida como Cassiopea o "medusa invertida", porque permanece en el fondo del mar con sus tentáculos hacia arriba. Sus pulsos de actividad son regulados por la luz a través de órganos sensoriales llamados ropalia y que también son encargados de detectar la gravedad, lo que les permite volver a su posición favorita en el fondo del mar. Estas características les permitieron a los investigadores determinar si el animal presentaba un estado de quiescencia, el cual sería un requisito para desarrollar el sueño.

Primero, se plantearon evaluar el comportamiento de las Cassiopea, para lo cual utilizaron acuarios con cámaras sumergidas en el fondo acuático. Esta medusa presenta un movimiento rítmico de pulsos continuos, en el que contrae y relaja su cuerpo a un pulso por segundo, mecanismo que le permite moverse, alimentarse, reproducirse y eliminar toxinas. Las cámaras registraron su movimiento durante seis jornadas consecutivas y se demostró que tienen menos actividad durante la noche, disminución que se va produciendo en forma paulatina. Por el contrario, su fase de mayor movimiento se registró cuando eran alimentadas.

Luego, los investigadores comenzaron a dar su alimento a las medusas durante la noche, lo que provocó un aumento en su actividad. Se observó así que su estado de quiescencia era fácilmente reversible, coincidiendo esta característica con la del estado de sueño.

Tanto en un ambiente cerrado como en su hábitat natural, la Cassiopea prefiere estar en el fondo, ya sea del mar o de un acuario. Y, gracias a sus ropalias, logra orientarse para movilizarse con rapidez hacia el fondo. Los científicos usaron esta habilidad de las medusas para forzarlas a moverse. Y observaron que durante la noche a ellas les tomaba más tiempo producir el primer pulso y comenzar su travesía hacia el fondo, y tardaban más en llegar hasta allí que durante el día. Esas pruebas mostraron que la Cassiopea tenía una respuesta reducida al estímulo en el horario nocturno.

En humanos, si el dormir habitual se reduce en una o dos horas, es posible recuperar las horas de sueño a la noche siguiente, lo que recibe el nombre de "regulación homeostática". Para saber si la Cassiopea tiene esta posibilidad, se interrumpió su descanso con un chorrito de agua durante diez segundos cada veinte minutos, entre seis y doce horas, tanto en el día como en la noche. Los científicos advirtieron que cuando la perturbación era aplicada en las últimas seis horas de la noche, se observaba una disminución significativa de su actividad en las cuatro primeras horas del día siguiente. Este resultado podría interpretarse como la desregulación funcional que se genera al día siguiente de una noche en que no se pudo dormir.

Sin embargo, no todos los animales requieren de una regulación homeostática. Algunos cetáceos y algunas aves migratorias no necesitan recuperar el sueño perdido después de recorrer grandes distancias. El dormir es un estado de reposo que varía mucho entre especies y durante las etapas de la vida de un organismo. Esta investigación muestra que las medusas no necesitan un cerebro para entrar en un estado igual o muy similar al del sueño. También entrega luces sobre la funcionalidad evolutiva que presenta el dormir y se acerca a la idea de que el estado de sueño surge a partir de un linaje de especies muy antiguo.

¿Qué tienen en común los ostiones y los telescopios?

Alejandra Díaz

La evolución siempre sorprende. Los ojos de los animales son una maravilla y han adoptado diferentes formas y tamaños como consecuencia de la adaptación a ambientes diversos. Dentro de los grupos con mayor diversidad visual se encuentran los moluscos, entre ellos, los pulpos con ojos del tipo cámara, las almejas gigantes con un ojo estenopeico (con un orificio que permite la entrada de luz), y los ostiones.

Los ostiones –también denominados vieiras– no tienen uno ni dos, sino entre cien y doscientos ojos que cubren el borde de su concha. Y aunque cada uno solo tiene el tamaño de una semilla de amapola, posee una estructura tan perfecta que es casi única en el reino animal. De la misma manera que un telescopio utiliza un enorme plato reflectante para recoger la luz y formar una imagen, el ostión cuenta con un ojo espejo que le da enormes ventajas en su hábitat natural. Este último hecho fue el que capturó el interés de los investigadores del Departamento de Biología Estructural del Instituto Weizmann de Israel, quienes centraron su estudio en los ojos del ostión del Atlántico Norte, *Pecten maximus*.

¿Qué distingue los ojos de los ostiones de los nuestros?, ¿qué los hace tan únicos? Los ojos de la mayoría de las criaturas de este planeta, incluyendo los humanos, usan lentes para enfocar la luz. En el caso de los humanos esos lentes se llaman cristalinos y son los responsables de enfocar la luz en nuestras retinas. Los ostiones, en cambio, usan un espejo lo que los convierte en uno de los sistemas visuales más complejos de todo el reino animal. Estudios previos, iniciados en la década de 1960, habían establecido su estructura básica. Cada ojo de un ostión se compone de un cristalino, un lente, dos retinas (una inferior y otra superior) y un espejo.

No obstante, Benjamín Palmer y su equipo querían desentrañar en detalle la compleja organización del espejo de este molusco. Utilizando la técnica de microscopía electrónica descubrieron que la gran visión que exhibe este molusco se explica por la perfecta estructura de capas de guanina que conforman el espejo y que se encuentra en la parte posterior de cada ojo. La guanina –compuesto químico que forma parte de nuestro ADN y que tiene un gran poder reflectante– se puede ver también en la naturaleza, como en las escamas de algunos peces y en la piel de los camaleones.

Pero esta estructura tiene otra singularidad. Por lo general, los cristales de guanina se forman en estructuras voluminosas, pero en el caso del ojo de la vieira, se disponen en cuadrados perfectos, calzados a la perfección, características que le permiten obtener una imagen más clara y evitar defectos superficiales de la imagen.

A continuación, Palmer y sus colaboradores realizaron mediciones de tomografía computarizada de rayos X en conjunto con modelamientos para determinar la morfología 3D. En concreto se identificaron dos características relevantes en todos los ojos. La primera de ellas es que el espejo no posee una forma esférica, sino que en lugar de eso su base es ligeramente aplanada, otra particularidad que le permite minimizar anomalías visuales. La segunda es que el espejo refleja imágenes sobre una doble retina con funciones bien especializadas. De esta manera en la retina inferior se enfoca la imagen que proviene del campo visual periférico con poca luz, atributo que le permite desplazarse con resguardos en el océano. La retina superior, en tanto, está enfocada en las imágenes del campo visual central y se activa cuando, por ejemplo, una sombra cruza al ostión indicando un posible ataque de un depredador. El hecho de que tengan dos retinas es realmente destacable, considerando que los humanos poseemos una sola retina en cada ojo, la cual se encuentra en la capa más interna de este y contiene a las células encargadas de detectar la luz.

Estas características observadas en el ojo del ostión son análogas a las que se encuentran en los telescopios reflectores del norte de Chile, los que utilizan una serie de espejos para reflejar la luz y formar una imagen. Respecto de aquello, este estudio nos recuerda cómo una vez más la naturaleza de forma paralela y previo a la construcción de estos dispositivos ya había diseñado una estructura similar. Por esta razón debemos mirar más allá, no dejar de asombrarnos y entregarnos a la posibilidad de orientar nuevas estrategias en la construcción de dispositivos bioinspirados en sistemas biológicos altamente especializados. No obstante, también nos plantea un desafío mayor. Podemos inspirarnos en la naturaleza para diseñar nuevos aparatos, pero también debemos concebir nuevas tecnologías que sean compatibles con la biodiversidad.

El encanto del efecto Doppler

Jesús Olivares

Todos hemos escuchado alguna vez el sonido de una ambulancia que viene de lejos, se aproxima y vuelve a alejarse. Podemos percibir que el bullicio de la sirena no solo cambia de volumen, sino que se hace más agudo o más profundo en la medida en que se acerca o se aleja. Eso es el efecto Doppler: un cambio en la percepción de la frecuencia de la onda de sonido de un cuerpo en movimiento, de parte de un receptor, y que se percibe como un cambio de tono en el sonido. Su descubridor, el físico y matemático austríaco Christian Doppler, en 1845 realizó un experimento para demostrar su hallazgo: puso a tocar sus instrumentos a un grupo de músicos en un vagón de ferrocarril en movimiento y ubicó en el andén a otro grupo similar. A estos últimos les pidió que interpretaran las mismas notas que escuchaban de los músicos del interior del tren, que se acercaba y se alejaba. El grupo que iba en el carro nunca cambió de tono de sus notas; pero los de la estación, sí.

Sin embargo, este efecto, mucho antes de ser advertido por Christian Doppler, ya era utilizado como una técnica de seducción por una especie de colibrí de costa, el *Calypte costae*, un pequeño picaflor que reside principalmente al suroeste de Estados Unidos. En la naturaleza, las distintas especies de animales presentan una gran variedad de estrategias de reproducción. En muchas de ellas, los machos compiten frente a las hembras haciendo gala de sus destrezas físicas. Esta pequeña ave, de apenas ocho centímetros de largo, utiliza y manipula el efecto Doppler para impresionar a una hembra, haciéndola percibir que vuela mucho más rápido de lo que en realidad lo hace.

El colibrí de costa realiza un baile nupcial en el que se tira en picada sobre una hembra que se encuentra detenida y cambia bruscamente de trayectoria cuando está en el punto más cercano a ella (a cuatro metros de distancia). Durante este vuelo desde la altura, este picaflor utiliza el paso del aire por las plumas de su cola, llamadas "rectrices", para provocar una suerte de silbido que cambia de tono a medida que avanza a toda velocidad, utilizando el efecto Doppler.

Los investigadores Christopher Clark y Emily Mistick, de las universidades de California y Columbia Británica, respectivamente, se propusieron evaluar cómo el colibrí de costa macho modula la percepción de este sonido por parte de la hembra, ya que es un indicador de la velocidad del vuelo. Para ello, realizaron un sofisticado experimento con un túnel de viento aeroacústico que permite comprender cómo se produce el sonido, evaluando los cambios al modificar la velocidad y la dirección con que el viento llega a las plumas, y visualizando estas variaciones a través del uso de micrófonos y cámaras acústicas.

Clark y Mistick descubrieron que el sonido se producía al pasar el viento por uno de los bordes de una pluma de la cola, que creaba un efecto amplificador del sonido. Observaron también que el macho puede optimizar ese efecto del sonido según el movimiento de su cola mientras vuela en picada hacia la hembra, lo que los llevó a pensar que el colibrí era capaz de dirigir intencionalmente el sonido hacia ella.

Para verificarlo, realizaron una simulación mediante cálculos matemáticos que demostró que, debido al efecto Doppler, la hembra debería percibir un aumento en el tono del silbido producido por el vuelo del macho justo en el punto de mayor cercanía. Con el fin de probarlo en el colibrí, grabaron a las aves mientras realizaban sus vuelos en picada hacia las hembras, utilizando cámaras acústicas en un ambiente controlado y sin otras distorsiones de sonidos y corrientes de aire.

Durante el experimento observaron que el macho movía las plumas de su cola de un modo tal que el sonido que le llegaba a la hembra la hacía sentir que él estaba a punto de chocarla, cuando en realidad la máxima cercanía que alcanzaba era de cuatro metros de distancia. Es decir, el colibrí de costa macho es capaz de manipular el efecto Doppler y lograr que el sonido de su vuelo lo haga parecer que está más cerca y así hacer creer a la hembra que es más fuerte y más veloz. Entre los distintos tipos de colibríes, este es el único capaz de esta proeza.

Este curioso ejemplo de la naturaleza nos muestra un cambio evolutivo de las estrategias que se utilizan para aparearse y perpetuar la especie. En este caso, la estrategia elaborada para ser seleccionado por la hembra consiste en simular algo que no es, lo que involucra una buena integración de la información ambiental y un manejo eficiente de las propias destrezas físicas.

GLOSARIO:

Efecto Doppler: es un cambio en la percepción de la frecuencia de la onda de sonido de un cuerpo en movimiento, de parte de un receptor, y que se percibe como un aparente cambio de tono en el sonido.

CAPÍTULO III
No solo de trabajo vive el hombre

"Me gusta su caminar
a grandes pasos
con sus largas piernas
que parecen hayas,
una Vita rutilante,
rosada abundosa
como un racimo,
con perlas
por todos lados.

Tu abundante pecho:
sí, como un gran velero
con las velas
desplegadas, navegando.

Te he echado de menos.
Te echo de menos.
Te echaré de menos".

Virginia Woolf. "De Virginia a Vita"

¡Cuidado! el celular modifica tu cerebro

Claudia García

"Cómo superé mi adicción al celular". Así se titulaba una columna publicada por el periódico norteamericano *The New York Times* en marzo de 2019. El texto, escrito por el periodista Kevin Roose, retrataba en primera persona cómo pasó de ser "un usuario intensivo y feliz de los teléfonos portátiles" hasta convertirse en un adicto al *smartphone* cruzando la línea "hacia un territorio problemático". Roose recuerda que de un día para otro fue incapaz de leer un libro o terminar una película y aspectos más contundentes como advertir que no podía mantener conversaciones de trabajo o amistad, sin revisar su celular. Pero hubo otro hecho que alarmó a este columnista. De un momento a otro, aquellos "espacios digitales" que en algún momento le parecieron atractivos y relajantes, comenzaron a estresarlo. En su camino por "liberarse" del teléfono recurrió a varios trucos para detener su uso, pero siempre recayó. Con la ayuda de su colega, Catherine Price, autora del libro *Cómo romper con el teléfono*, inició un plan de desintoxicación que busca "desenganchar el cerebro de las rutinas nocivas que ha adoptado en torno a este dispositivo en específico y acostumbrarlo a cosas mejores".

Es un hecho irrefutable que el celular se ha convertido en un objeto indispensable en nuestra vida cotidiana. Pensémoslo así, este pequeño aparato nos permite comunicarnos y vernos con los amigos a grandes distancias, pedir un taxi, escuchar música, comprar, encargar comida, planificar distintas actividades en la agenda y, además, hacer un registro fotográfico de nuestra vida. Y eso que solo mencionamos algunas de las aplicaciones usadas con mayor frecuencia.

Así como el celular ha transformado nuestra vida cotidiana y la forma en que nos relacionamos, es posible preguntarse si su uso ha impactado en la estructura y funcionalidad de nuestro cerebro. Esa fue la inquietud de un equipo de investigadores de la Universidad de Heidelberg, Alemania, que estudió si las personas adictas al celular tienen cambios neuronales en regiones del cerebro que se asocian con el comportamiento adictivo. Para realizar esta investigación, el grupo liderado por Christian Wolf seleccionó un grupo de 48 personas con edades que fluctuaron entre 18 y 30 años. Todos los participantes del estudio debían estar sanos; no tener ninguna enfermedad neurológica u otras afecciones médicas graves ni antecedentes de trastornos mentales o de otro tipo de dependencia. En definitiva, tenían que ser personas completamente sanas, para que los datos obtenidos pudieran atribuirse a la adicción al celular y no a otros motivos.

Lo siguiente fue pedir a los participantes que respondieran una encuesta llamada "Inventario de adicción a teléfonos inteligentes" (SPAI, por sus siglas en inglés). En el SPAI, hay una serie de afirmaciones que permiten determinar si los usuarios tienen control sobre el uso del celular o si, por el contrario, presentan un uso problemático que conlleva consecuencias negativas en su vida diaria. Se les pregunta, por ejemplo, si se sienten cansados en la noche debido al uso intensivo del smartphone durante el día; si sus actividades recreacionales se han visto reducidas a causa del teléfono o si han recibido críticas referidas a "pasar" demasiado tiempo con su celular.

Una vez que el equipo de Christian Wolf tabuló las respuestas, se configuró el grupo de "adictos al celular" (22 voluntarios) y el grupo de control (26 personas); todos ellos fueron sometidos a pruebas para resolver si el cerebro se veía afectado con el uso intensivo del teléfono inteligente.

Para poder medir cambios cerebrales, los investigadores recurrieron a la técnica de resonancia magnética donde se introduce a una persona en posición horizontal en un escáner y se le pide permanecer tranquila y relajada. Utilizando el escáner, se detuvieron a analizar dos parámetros: el volumen de la materia gris y la actividad del cerebro. La materia gris corresponde a las zonas del sistema nervioso donde se localizan los cuerpos celulares y fibras sin mielina, esa "capa de grasa" que facilita la comunicación eléctrica entre las neuronas. Se distingue de la materia blanca que está formada por fibras nerviosas, recubiertas de mielina, que le dan su aspecto distintivo.

Pero, ¿en qué zonas del cerebro centraron su atención? Básicamente en la ínsula y en la corteza cingulada anterior, ya que estudios previos habían reportado alteraciones en estas dos áreas del cerebro como resultado de adicción al alcohol, las drogas e incluso a los videojuegos. La ínsula es una estructura ubicada en la zona lateral del cerebro, entre el lóbulo temporal y el lóbulo frontal, cuyos cambios se relacionan con comportamientos adictivos. También se ha asociado a la ínsula con el procesamiento de la relación entre estímulos y deseo, así como con las sensaciones de nuestros propios órganos que envían información a nuestro cerebro para determinar que "todo esté bien" (proceso llamado como interocepción). La otra zona de estudio fue la corteza cingulada anterior, parte del "sistema de recompensa del cerebro" y que también juega un rol clave en las adicciones. Esta zona es relevante en el deseo y el control inhibitorio, es decir, en la capacidad del ser humano para controlar las respuestas impulsivas o automáticas.

El trabajo de Wolf y de sus colaboradores obtuvo la primera evidencia de que la dependencia excesiva a celulares conlleva cambios cerebrales asociados a una adicción. Del mismo modo, las imágenes obtenidas del cerebro revelaron que las personas adictas al teléfono inteligente tienen menor volumen de materia gris en la ínsula, y una baja de la actividad neuronal en las zonas de la corteza cingulada anterior. De hecho, los investigadores lograron hacer una correlación entre la puntuación de ambas; así, a mayor puntuación en la encuesta (alto nivel de adicción), se consignó un menor volumen de materia gris y una baja de la actividad cerebral en el área de la corteza cingulada anterior.

Estos datos nos revelan que la adicción a los teléfonos inteligentes, aunque parezca que no tiene consecuencias negativas (comparando con las de otras adicciones), sí tiene un impacto en ciertas zonas de nuestro cerebro que adquieren características y funcionalidades similares a las encontradas en otros cuadros clínicos de esta naturaleza.

¿Será posible que, a raíz de las condiciones de confinamiento a las que nos ha obligado la pandemia por COVID-19 y el uso intensivo que le hemos dado al celular, ciertas zonas cerebrales estén experimentando cambios evidentes? ¿Nos estaremos volviendo personas más susceptibles a sufrir otras adicciones? ¿Qué puedo hacer para evitar volverme un adicto? Pues bien, dado que en la sociedad actual es casi imposible prescindir de los celulares, ya que es el principal medio de comunicación y de acceso a internet, debemos tomar conciencia del tiempo que lo utilizamos. Hoy en día contamos con herramientas que pueden ayudarnos en este cometido de un modo bastante sencillo: en los ajustes de la mayoría de los teléfonos inteligentes existe una función que te permite ver el tiempo de uso e incluso se puede programar el tiempo que pasamos en cada aplicación. Por lo tanto, haciendo un uso adecuado de este mecanismo de control, podemos reducir su uso y quizás nuestro cerebro mantenga rangos "normales" de actividad. Quizás este consejo no solucione la relación de dependencia que tenemos con este dispositivo, pero reconocer este problema ya es un paso importante.

Al registrar su "plan de desintoxicación", el columnista Kevin Roose, ha admitido en innumerables ocasiones que el mundo de su smartphone aún le resulta atractivo y fascinante, pero que la vida real le emociona también, ya que tiene "un espacio para el aburrimiento, las manos quietas y los momentos para reflexionar".

GLOSARIO:

Interocepción: es la percepción del estado interno del organismo, aportando información sobre el funcionamiento o disfunción de las vísceras y órganos internos. Se trata de un sentido que nos ayuda a mantener la homeóstasis o equilibrio corporal.

Corteza cingulada anterior: región anterior de la zona de la corteza cerebral que se ubica en la superficie de cada hemisferio cerebral en el espacio que forma el surco central del cerebro, bordeando el cuerpo calloso. Esta zona es relevante en el deseo y el control inhibitorio.

Pulpos en estado de éxtasis

Nicolás Palanca

Los pulpos ostentan varios récords. Tienen un cerebro "múltiple", no solo cuentan con una estructura nerviosa en su cabeza, sino que además con prolongaciones nerviosas en sus tentáculos, donde cada uno de ellos actúa como si tuviera una mente propia. Además, son los maestros del camuflaje y pueden modificar su aspecto en tan solo unos segundos para confundirse con el entorno. Tienen tres corazones y necesitan de los tres para poder vivir. Han tenido la oportunidad de desarrollar destrezas cognitivas incomparables a través de millones de años de evolución. Se les ha visto, por ejemplo, abrir frascos y utilizar el ingenio para escapar de su acuario y comerse un pez del tanque vecino. También han demostrado que pueden resolver laberintos, reconocer gente, aprender mediante observación y usar materiales de su entorno, como cáscaras de coco para crear refugios. Es por ello que estos animales, pese a ser invertebrados con un parentesco muy lejano con los humanos, son considerados "vertebrados honorarios" a la hora de establecer reglas éticas para su uso en experimentación, pues se les reconoce un nivel cognitivo comparable.

No es de extrañar, pues, que los pulpos hayan inspirado tantos personajes en la ciencia ficción y el terror, ya que son lo más parecido a una inteligencia alienígena que tenemos sobre el planeta. Sus parientes cercanos, animales como caracoles o almejas, muestran muy pocos signos de inteligencia. El complejo cerebro de los pulpos, por el contrario, evolucionó de forma completamente independiente al nuestro, y su organización tiene muchas diferencias con la del cerebro de vertebrados. Esto los convierte en un animal fascinante para los biólogos que se han esforzado en descifrar cómo dos cerebros que han evolucionado de forma separada durante tanto tiempo desarrollan capacidades similares, como el aprendizaje por ensayo y error, el reconocimiento de individuos y la memoria a largo y corto plazo.

El estudio de los parecidos y las diferencias entre los dos tipos de organización nerviosa nos puede decir mucho acerca de cuáles son las reglas base del desarrollo de un cerebro, qué cosas son primitivas, fijas y limitan las direcciones en las que se desarrolla un sistema nervioso, y qué partes son más flexibles y pueden adaptarse a las exigencias cognitivas de cada animal.

Un estudio publicado en la revista *Current Biology* revela algunas posibles similitudes entre el cerebro de los pulpos y los vertebrados, aunque sus líneas evolutivas se distanciaron hace cientos de millones de años. Los autores, Eric Edsinger y Gül Dölen, del Laboratorio de Biología Marina en Woods Hole y de la Universidad de Baltimore, respectivamente, estaban interesados en una porción de SERT, una molécula que se localiza en la membrana de ciertas neuronas. Su nombre, SERT, hace referencia a su función principal que es recoger serotonina del exterior (de la célula) y transportarla a su interior, por lo que cumple la función de "transportador". La serotonina es un neurotransmisor que fomenta el comportamiento social en muchos animales vertebrados e invertebrados. De esta manera, cuando las neuronas sensibles a la serotonina reciben la molécula y son activadas, tienden a producir comportamientos más afectuosos y confiados en estas especies.

En concreto, los autores de este estudio querían saber si la porción de la proteína que "transporta" a la serotonina hacia el interior de la célula existía en pulpos y, en tal caso, si se parecía a la existente en otros animales. Tras un detallado estudio determinaron que el genoma del *Octopus bimaculoides* (conocido como pulpo de dos manchas de California), tiene genes transmisores de serotonina y que esta condición se verifica a lo largo de todo el reino animal: moscas, peces, anémonas lo han conservado a través de los años. Pero hubo otro resultado sorprendente: las secuencias del humano y el pulpo para esta misma molécula coincidían en un cien por ciento. Esto es sorprendente en animales que han evolucionado por caminos separados por 600 millones de años, ya que el genoma tendría que haber sufrido pequeñas mutaciones aleatorias que habrían cambiado este gen. En este caso esas mutaciones existieron, pero el gen es tan importante que los animales que las tenían no eran viables y murieron con poca o ninguna descendencia. Un caso así indica a los biólogos que el gen y la proteína que codifica son fundamentales y necesitan mantenerse íntegros para funcionar.

Luego de este hallazgo, Edsinger y Dölen se preguntaron si la molécula SERT tendría la misma función de recibir serotonina y trasladarla al interior de la célula; y si la serotonina operaría de la misma manera que lo hace en humanos. No olvidemos que estamos hablando de dos sistemas nerviosos muy distintos y que los pulpos no son especies sociables por naturaleza.

Para responder estas preguntas, los investigadores decidieron estimular el transportador SERT en pulpos vivos, administrándoles una sustancia sintética, el MDMA, también conocida como éxtasis. El éxtasis tiene propiedades químicas similares a la serotonina, las que le permiten unirse al SERT. De esta manera, impide que la serotonina se una a este, permaneciendo más tiempo fuera de la célula y aumentando con esto su efecto alucinógeno. En resumen, el éxtasis aumenta los efectos de este neurotransmisor en el cerebro, lo cual concuerda con los efectos habituales de la droga en humanos. Los seres humanos que consumen MDMA tienden a ser más sociales, más enérgicos, más empáticos y más eufóricos de lo que eran en su estado de sobriedad.

En la primera etapa del experimento, los investigadores decidieron administrar éxtasis a pulpos de la especie *Octopus bimaculoides* y determinar si tenía efectos parecidos a los humanos. El experimento consistió en instalar un acuario de vidrio dividido en tres secciones, comunicadas entre sí: un compartimento lateral con un objeto (en este caso una figura de *Star Wars*), un espacio central vacío y otro compartimento lateral ocupado por un pulpo (a veces macho y otras veces hembra). Lo siguiente fue colocar uno a uno los pulpos (machos y hembras) en estudio en el vestíbulo central y medir el tiempo que pasaban en cada compartimento lateral. Por lo general, estos pulpos no se interesan por otros individuos, prefieren estar encerrados en cuevas y evitan cualquier proximidad, salvo durante el período del apareamiento.

Las primeras observaciones mostraron que los pulpos, de ambos sexos, pasaban bastante tiempo con el otro pulpo si este último era hembra, mientras que si era macho tendía a preferir la sección del objeto y evitar al otro pulpo. Esta preferencia por la compañía de hembras en una especie que se conoce por poco sociable es un resultado curioso y todavía no explicado de este experimento.

Tras este singular resultado, Edsinger y Dölen realizaron un cambio al experimento: les realizaron la misma prueba del acuario de vidrio salvo que, en este caso, el otro individuo que estaba dentro de la jaula era siempre macho. Como era de esperar, los pulpos evitaron a su congénere y pasaron más tiempo con el objeto.

Tras un descanso que se prolongó por varias horas, a los pulpos se les dio un baño de agua de mar mezclada con MDMA y se repitió el experimento. Esta vez, sin embargo, hubo cambios significativos ya que los mismos pulpos pasaron mucho más tiempo en la sección en la que estaba el otro pulpo. Y no solo eso, también se mostraron más cariñosos e incluso tendían a abrazar al acuario.

En resumen, los efectos del MDMA en pulpos son sorprendentemente parecidos a los que tiene en humanos y otros vertebrados. En este caso, el éxtasis facilita que incluso esta especie de pulpo, por lo general antisocial y huraña, demuestre un comportamiento amigable y busque la proximidad física.

Esta investigación revela que algunos neurotransmisores claves en el desarrollo de conductas sociales se han conservado en la historia evolutiva de casi todo el reino animal, desde que la especie más compleja era un gusano en el fondo del mar. Demuestra, del mismo modo, la importancia de la serotonina, un neurotransmisor fundamental en la regulación de las emociones y de la sociabilidad. Es posible que responda a una necesidad común que tenemos los animales de reducir la agresividad en determinados momentos (por ejemplo, durante épocas de apareamiento). Quizás el efecto de la serotonina, que contribuye a incrementar sociabilidad, es algo secundario que acompaña a funciones más primitivas de este neurotransmisor. Esta investigación nos plantea otras preguntas: ¿usan los pulpos la serotonina para regular su sociabilidad o es un sistema primitivo que los investigadores "hackearon" proporcionándoles la droga y haciéndolos más sociables? Finalmente, nos habla de similitudes profundas y perdurables que existen entre todos los animales, incluidos los humanos, más allá de las diferencias evidentes.

GLOSARIO

Genoma: es el conjunto de material hereditario de un organismo. El genoma es el conjunto de instrucciones genéticas que se encuentra en una célula.

Decomiso ancestral en la Cueva del Chileno

Alejandra Díaz

A simple vista parecía un hallazgo típico de una excavación arqueológica. Una pequeña bolsa de cuero con variados artefactos en su interior: una tableta de madera tallada y decorada con dos figuras humanas; un tubo de aspiración con dos trenzas de cabello humano; dos espátulas de hueso de un camélido; un textil tejido con diseño de colores –que se cree fue una diadema–; dos pequeños trozos de plantas secas adheridas a cuerdas de lana y fibra; y, por si fuera poco, una inusual bolsa construida a partir de tres hocicos de zorro. Sin embargo, este sencillo paquete encontrado a 4 mil metros de altura, en un sitio llamado La Cueva del Chileno, en Bolivia, escondía muchas pistas sobre el uso de sustancias psicotrópicas consumidas desde tiempos ancestrales.

Hasta ese momento muy pocos estudios habían mostrado evidencia concreta respecto del consumo de plantas psicoactivas en contextos arqueológicos de América del Sur, por lo que la investigación publicada en 2019 en la revista *Proceedings of the National Academy of Sciences* (PNAS), de Estados Unidos, entregó importantes luces sobre esta materia.

El equipo de científicos, liderado por Melanie J. Miller, estaba en la provincia de Sur Lípez, Bolivia, en la búsqueda de restos de antiguas ocupaciones humanas, cuando se encontraron con este paquete ritual que los sorprendió desde un primer momento. El hallazgo se produjo entre los escombros de una estructura rocosa que pudo haber sido una tumba y, pese a que no encontraron restos humanos, rescataron toda una parafernalia ancestral perfectamente conservada gracias a las condiciones climáticas.

Como punto de partida, Miller y su equipo tomaron una pequeña muestra de la bolsa de cuero encontrada en la cueva para datar mediante radiocarbono a qué período correspondía el hallazgo. Según sus análisis, la bolsa de cuero tendría una antigüedad de 1.000 años, coincidiendo con la caída del imperio Tiwanaku. Este imperio extendió su influencia durante cinco siglos por el centro-sur de los Andes, desde la región occidental de Bolivia hasta el sur de Perú y norte de Chile.

En esta área y a lo largo de todo el altiplano andino, la cultura Tiwanaku llegó a colonizar amplias regiones adyacentes al lago Titikaka, logrando reunir a decenas de miles de personas que reforzaban sus lazos sociales mediante rituales y ceremonias religiosas en los que se incluían poderosos agentes psicotrópicos que les permitían acercarse a sus deidades.

En este mismo análisis los expertos detectaron la presencia de pequeñas cantidades de seis compuestos, entre ellos, cocaína, benzoilecgonina (principal derivado de la cocaína), harmina, bufotenina, dimetiltriptamina y psilocina (derivado del alcaloide de los hongos). Estas sustancias habrían procedido de al menos tres especies de plantas y que probablemente eran *Erythroxylum coca* (o planta de coca), una especie de *Anadenanthera* (fuente de alucinógenos) y el *Banisteriopsis caapi* (ayahuasca). Según los investigadores, la presencia de múltiples plantas que provienen de áreas ecológicas dispares y distantes en América del Sur sugiere que estas se movieron a través de distancias significativas.

La presencia de estas sustancias –consignan los investigadores– sugiere que la bolsa podría haber sido de un chamán, un miembro muy influyente en su sociedad y con gran conocimiento sobre la naturaleza, quien las utilizaba para contactarse con sus divinidades. Los chamanes entraban en estados físicos alterados para conectar a las personas vivas con ancestros que creían vivían en otros reinos.

Pero el hallazgo tenía otra sorpresa. Al analizar los restos de la planta reseca que se encontraba en el lugar, se descubrieron en ella rastros de cocaína, bufotenina y benzoilecgonina. Este dato resultó revelador, ya que ninguna planta conocida contiene estos tres compuestos juntos. Ante este hallazgo surgieron dos hipótesis: la primera es que al menos alguna de estas sustancias fue producida por la planta, y la otra es que los tres compuestos encontrados fueron producidos por otras plantas e impregnaron la muestra.

Tanto en la bolsa de hocico de zorro como con los restos de la planta reseca, se localizaron rastros de cocaína. En zonas del altiplano las hojas de coca se utilizan para tratar el mal de altura ejerciendo efectos estimulantes y anestésicos al ser masticadas o preparadas en una infusión. En esta misma bolsa había también pequeñas cantidades del compuesto bufotenina, lo que sugiere la presencia de semillas de una planta del género *Anadenanthera.* Dos especies vegetales correspondientes a este género, la vilca y el yopo, eran cultivadas por las tribus sudamericanas dedicadas a la horticultura (agricultura a pequeña escala). Ambas especies son conocidas por contener elementos psicoactivos. Estas semillas eran molidas e inhaladas, consumidas en una bebida similar a la chicha o introducidas al organismo a través de un enema. En caso de ser inhaladas, las bandejas y los tubos de tabaco, encontrados en la Cueva del Chileno, entraban en acción.

Hubo otro hallazgo que llamó la atención de los investigadores. La bolsa contenía restos de psilocina, harmina y dimetiltriptamina. En Sudamérica, la harmina se encuentra en grandes cantidades en la planta conocida como ayahuasca. En la actualidad, la ayahuasca es hervida y consumida en forma de té en conjunto con la chacruna, planta que contiene altos niveles de dimetiltriptamina. Cuando estas dos plantas se combinan, se produce un efecto aún mayor. El consumo de estas dos plantas en conjunto es reciente y está asociado a la preparación de un gran número de brebajes psicotrópicos en las culturas amazónicas.

Se ha buscado incansablemente evidencia que demuestre el uso de la ayahuasca durante la época precolombina. Estudios previos realizados sobre el cabello de momias del periodo Tiwanaku –que habitaron entre los años 400 y 900 d. C. en el Valle de Azapa en el norte de Chile– han permitido establecer la presencia de harmina pura sin la adición de otra planta, en infantes y adultos. Ello podría sugerir que el consumo de ayahuasca no habría tenido fines alucinógenos, sino más bien razones medicinales o terapéuticas, ya que su compuesto activo por sí solo produce efectos psicoactivos, pero no alucinógenos.

Análisis realizados a la corteza de la ayahuasca indican que los compuestos químicos de esta planta generan efectos paliativos contra el dolor, confirmando la hipótesis de uso medicinal o terapéutico durante el embarazo y en la primera infancia, en la cultura Tiwanaku.

En el caso de este hallazgo en la Cueva del Chileno, al tratarse de una combinación de ayahuasca con otras plantas, sugiere un fin recreativo alucinógeno que dataría de tiempos más recientes en la historia.

Si bien ya se conocía que distintas comunidades precolombinas usaban plantas psicotrópicas como parte de sus rituales espirituales y religiosos, este estudio revela que los nativos utilizaban y combinaban gran cantidad de compuestos. Se trata, según los autores de este estudio, del "mayor número de sustancias psicoactivas encontradas en un solo yacimiento de Sudamérica".

Identifican el mapa cerebral del orgasmo femenino

Ariane Luttecke

Fue una pionera en el campo de la sexología. Marie Bonaparte, sobrina nieta del emperador francés, Napoleón Bonaparte, además de ser princesa de Grecia y Dinamarca, dedicó sus días y desvelos a estudiar sobre las condiciones necesarias para alcanzar el orgasmo. Su propia historia personal marcó este derrotero. Pese a que a los veinticinco años se casó con el príncipe Jorge de Grecia y que estaba profundamente enamorada de él, al poco tiempo se dio cuenta de que su marido era homosexual. Marie buscó el amor y el placer en varios amantes, pero con ninguno de ellos pudo alcanzar el orgasmo, y descubrió que solo podía lograrlo con la masturbación. Ese fue el punto de partida de sus innumerables estudios para indagar en las causas de su frigidez. Así, bajo el seudónimo de A. E. Narjani publicó los resultados de sus investigaciones, que establecían que la frecuencia de los orgasmos dependía de la distancia entre el clítoris y la vagina.

El misterio y el desconocimiento que envuelven al clímax femenino han despertado siempre mucho interés en la ciencia. Varios de los estudios publicados en la actualidad han tenido como punto de partida los datos recogidos un siglo atrás por Marie Bonaparte. Estas investigaciones, en particular, enfrentan una serie de limitaciones y problemas, en especial cuando se trata de las mujeres.

Este fue el desafío que asumió un destacado grupo de investigadores de la Universidad de Rutgers en Nueva Jersey, Estados Unidos, liderado por Barry Komisaruk, cuyo objetivo era estudiar en tiempo real la actividad cerebral femenina antes, durante y después del orgasmo. El estudio propuesto tenía que salvar varios retos. La primera limitación era que se utilizaría la técnica de resonancia nuclear magnética, un examen que permite visualizar la activación o desactivación de distintas áreas cerebrales, pero que requiere que el sujeto evaluado mantenga su cabeza en una posición fija. El equipo investigador diseñó un ensamblaje con distintos elementos de sujeción para que el movimiento de la cabeza de las mujeres estudiadas fuera menor a 1,3 mm durante todo el período que duró el experimento.

El segundo gran problema al que se vieron enfrentados los investigadores fue reclutar al grupo de voluntarias que estuviesen dispuestas a experimentar un orgasmo siendo "observadas" y en condiciones excepcionales, en un espacio muy reducido (dentro de un resonador).

Una vez resueltas estas dificultades, Komisaruk seleccionó a diez mujeres heterosexuales para que, en una primera etapa, siguieran un protocolo de autoestimulación (masturbación) hasta llegar al orgasmo. En una segunda etapa, este mismo grupo debía repetir el procedimiento, pero teniendo a un compañero a su lado que las estimularía.

El experimento comenzó con un periodo de reposo, tras lo cual se instruyó a las voluntarias para que iniciaran la etapa de estimulación y, al mismo tiempo, se les pidió que alertaran el comienzo del clímax y su término, apretando un botón. Por último, debían indicar con el mismo timbre que ya habían recuperado su estado previo a la excitación.

Los primeros resultados obtenidos no mostraron diferencias significativas en la actividad cerebral durante el orgasmo producto de la masturbación del provocado por la estimulación de un compañero. Pero sí se anotaron cambios cerebrales relevantes al comparar el clímax con los periodos de excitación sexual y de recuperación. Este aumento de la actividad cerebral fue progresivo, desde las etapas previas, pero creció de manera abrupta al comienzo del orgasmo, hasta dos o tres segundos desde su inicio.

Un descubrimiento interesante fue que durante ninguna de las tres fases (antes, durante, ni después del orgasmo) se inactivaron o "silenciaron" áreas cerebrales normalmente activas, como se había establecido en investigaciones previas. Por el contrario, se incrementó la actividad en áreas sensoriales, de integración sensorial, límbicas (cerebro primitivo), corteza frontal (racionalidad) y en regiones de la neocorteza (cerebro más evolucionado).

Hay zonas, no obstante, que mostraron una actividad aún mayor. Se trata del giro angular y el opérculo, lo cual hace pensar que estas estructuras tendrían un papel único en la experiencia del orgasmo. En particular, se ha demostrado que el giro angulado derecho estaría implicado en los estados perturbados de la percepción, lo cual podría explicar el "estado alterado de la conciencia" descrito por las mujeres durante su orgasmo.

El equipo de Komisaruk descubrió varias regiones de la corteza frontal –principalmente de la corteza orbitofrontal– consideradas como puntos hedónicos claves. La activación del tronco encefálico, por ejemplo, activa las zonas implicadas en la sensación de placer, recompensa y adicción, principales responsables de la liberación de dopamina cerebral. La estimulación del núcleo del rafe dorsal, en tanto, genera la liberación de serotonina; y el núcleo cuneiforme libera analgésicos endógenos, lo cual explicaría el efecto analgésico del orgasmo.

Es importante destacar que la mayoría de las áreas activadas se encuentran en el hemisferio cerebral derecho, lo cual coincide con reportes anteriores y con la observación clínica de pacientes con lesiones en esta región que sufren de disfunciones sexuales.

Podemos concluir entonces que el orgasmo femenino se convierte más en una experiencia cerebral que genital. No solo se comprobó que se encienden múltiples regiones cerebrales con diferentes patrones de actividad y duración, sino que no hay inactivación de otras áreas.

Si bien se ha especulado respecto de las conexiones neuronales entre estas áreas asociadas al inicio y al término del orgasmo, queda mucho trabajo por hacer para permitir una mejor comprensión de esta maravillosa experiencia y, por lo tanto, entender de mejor manera disfunciones sexuales como la anorgasmia, favoreciendo su tratamiento.

GLOSARIO

Resonancia magnética funcional: es un procedimiento que permite mostrar en imágenes la actividad de las distintas zonas cerebrales que están ejecutando una tarea.

Giro angular: es una zona del cerebro ubicada en el lóbulo parietal. Cumple una importante función en la interpretación del lenguaje humano al procesar y asignar un código común para la información visual y auditiva recibida.

Opérculo: hace referencia a la estructura formada por las porciones de la corteza frontal, parietal y temporal que se juntan en el surco lateral del cerebro, cubriendo otra región denominada ínsula o lóbulo insular.

Factores socioculturales conspiran contra el orgasmo

Scarlett Delgado

Durante siglos en la cultura occidental el tema del sexo fue un tabú; y dentro de él, más aún, el del orgasmo femenino. Aunque resulte sorprendente, una monja fue la primera en afirmar que el placer sexual se daba por igual entre hombres y mujeres. Se trata de Hildegard von Bingen, abadesa del monasterio germano de Rupertsberg, que ella misma fundó en 1148, en plena Edad Media. "Cuando la mujer se une al varón, el calor del cerebro de esta, que tiene en sí el placer, le hace saborear a aquel el placer en la unión y eyacular su semen", dice en uno de sus escritos. Sostenía también que el acto sexual era bello, sublime y apasionado, y lo hizo en una época en que el sexo se asociaba al pecado.

Pero Hildegard fue una mujer adelantada a su tiempo. Desde pequeña tuvo visiones y nunca lo ocultó. Por el contrario, pintó obras de arte y escribió largos textos inspirados en ellas. Fue también una precursora en el estudio de las ciencias naturales. Y su temprano reconocimiento del placer femenino quedó en sus textos de historia natural. Tendrían que pasar siglos para que esta mirada sobre la sexualidad comenzara a ser parte de las reivindicaciones femeninas.

Con todo lo que se ha avanzado en este terreno, aún existen amplias diferencias en la forma en que los distintos géneros viven el sexo. Un estudio publicado en 2018 confirmó la brecha que hay entre hombres y mujeres en la frecuencia del orgasmo. Se trató de una encuesta anónima aplicada a 52.588 personas en Estados Unidos. Liderado por un equipo de investigadores de las universidades de Chapman,

Claremont e Indiana, en ese país, el trabajo preguntó por las diferencias en la frecuencia del orgasmo en relación con la orientación sexual de las personas. Los resultados revelaron que el 95 por ciento de los hombres heterosexuales decía alcanzar el orgasmo "usualmente-siempre" en sus relaciones sexuales; lo mismo ocurría con el 89 por ciento de los hombres homosexuales; el 88 por ciento de los bisexuales; el 86 por ciento de las lesbianas; el 66 por ciento de las mujeres bisexuales y, el 65 por ciento de las mujeres heterosexuales.

Según los autores del trabajo, las discrepancias en los porcentajes de los distintos géneros no radican en sus diferencias biológicas. Esto les quedó muy claro al ver que las mujeres lesbianas reportan tener orgasmos "usualmente-siempre" en un porcentaje similar al de los hombres.

En busca de una respuesta a estas diferencias, los investigadores les preguntaron a los encuestados cómo enfrentan sus relaciones sexuales y pudieron advertir que gran parte de las diferencias se debe a factores socioculturales. Entre ellos, el estigma y la amenaza de un juicio que pesa sobre las mujeres que expresan libremente sus deseos; y también a la presión que existe sobre los hombres de tomar un rol activo en la relación. Todo ello influye en la forma en que las mujeres viven su sexualidad, inhibiéndolas a explorar, aprender de sí mismas y compartir con sus parejas sus preferencias sexuales.

Los investigadores buscaron, asimismo, cuáles eran aquellas acciones que realizaban las parejas antes y durante una relación sexual, y que favorecían que esta terminara en el clímax. A través de las preguntas de la encuesta, llegaron a cerca de treinta distintos rasgos y comportamientos que se relacionaban con la frecuencia de los orgasmos.

Las mujeres que reportaban orgasmos regulares mencionaban la comunicación como algo primordial: poder hablar de sexo con su pareja; compartir ideas, fantasías y experiencias, y acompañar esto con libertad para experimentar. Ellas mencionaban como un factor externo a la relación sexual misma el tener una vida armónica con sus parejas; compartir con ellas las cosas que les gustaban, tanto en la cama como fuera de ella. Otra de las prácticas de estas parejas era realizar acciones de preparación para el encuentro sexual. Por ejemplo, llamarse por teléfono o enviarse mensajes antes del momento del encuentro. Y muchas de ellas reportaban preocuparse de usar ropa interior que las hacía sentir sexy. Así, el estar feliz con la pareja y predisponerse en forma positiva fueron dos factores que facilitaban el alcanzar el orgasmo.

Los investigadores también preguntaron por aquellas acciones que realizaban dentro de la relación sexual. Y encontraron algunas que coincidían en las parejas con relaciones satisfactorias. Por ejemplo, las mujeres reportaban un mayor número de orgasmos si sus parejas eran más apasionadas y si estimulaban previamente su clítoris con las manos o a través de sexo oral, indicando que la mera penetración no era suficiente. Los hombres encuestados, por su parte, respondieron que estas mismas acciones también contribuían a un mayor número de orgasmos en ellos.

Las conclusiones del estudio señalan que estos resultados sugieren una variedad de comportamientos que las parejas pueden probar para aumentar la frecuencia de sus orgasmos, acciones que son propuestas para lograr una vida sexual y de pareja más sana y más plena. De acuerdo a los autores del trabajo, todos los grupos humanos tendrían la misma capacidad biológica de alcanzar un orgasmo, pero son los tabúes y las expectativas sociales las que estarían afectando el desenvolvimiento sexual de las personas, principalmente de las mujeres heterosexuales y bisexuales. Se trata de creencias y de comportamientos influenciados por la cultura y que, si se abordan de modo consciente, pueden ser modificados.

El placer forma parte importante de nuestras vidas y, más aún, es central en el sistema de recompensa de nuestro cerebro, el cual nos premia con sensaciones placenteras cuando comemos, hacemos ejercicio o tenemos sexo, actividades que están en directa relación con la salud y la sobrevivencia. Sin embargo, esta investigación muestra que ciertas creencias y prejuicios sociales, enquistados en nuestra cultura, pueden atentar contra el libre ejercicio de la sexualidad, afectando la salud física y mental. Una esperanza es que los movimientos sociales que apelan a menos tabúes y a mayor educación sexual puedan contribuir a eliminar estos mitos y creencias que están afectando la natural realización de un aspecto tan importante en el desarrollo de las personas.

Internet está cambiando la forma en que pensamos

Maia Zabel

Muchos padres y madres manifiestan su preocupación por el tiempo que sus hijos, niños o adolescentes, pasan frente a un computador o una tableta, enfrascados en los videojuegos o viendo videos en redes sociales. Los psicólogos infanto-juveniles suelen responderles que lo realmente preocupante es todo lo que los menores dejan de hacer por estar conectados a internet. Si dejan de salir a jugar con sus amigos, si no duermen las horas necesarias, si no hacen ejercicio por estar jugando en línea, entonces es hora de empezar a preocuparse.

Sin embargo, el asunto no es tan simple. Desde la llegada masiva de internet hace más de dos décadas, son muchos los estudios que se han concentrado en probar de qué modo su uso excesivo puede afectar a nuestro cerebro. Antes que eso, medio siglo de investigaciones ha ido revelando que el cerebro es un órgano muy maleable y de gran plasticidad, y que se modifica por los estímulos del entorno. Aprender un idioma extranjero o hacer malabarismo son actividades que cambian el cerebro de quien las practica. Todo esto da pistas claras de que los hábitos de las nuevas generaciones no son inocuos al interior de sus cabezas.

Varios estudios han revelado déficits en las estructuras cerebrales prefrontales, encargadas de regular la impulsividad, en individuos que usan internet excesivamente. Sin embargo, ambas situaciones no se podían relacionar de manera tan directa porque no se sabía cómo era su cerebro antes de hacerse adictas a la web. Por eso resulta tan revelador un estudio de los centros de psicología de las universidades de Ulm y de Bonn, en Alemania, que congregaron a 78 sujetos que no acostumbraban a jugar videojuegos. Se sometió a una parte de ellos (grupo de entrenamiento) a jugarlos a diario durante seis semanas. Y a la otra parte (grupo de control) se le permitió que continuara con su vida normal. Al cabo de seis semanas, en los cerebros del grupo de entrenamiento se observó una disminución de la materia gris en la corteza orbitofrontal, encargada del control de impulsos y de la toma de decisiones.

La Asociación Psiquiátrica Mundial publicó en *World Psychiatry*, su diario oficial, un trabajo que hacía referencia a cómo internet podría estar cambiando nuestra forma de pensar. El análisis se dividió en tres aspectos principales. El primero abordaba cómo, a través de internet, un flujo constante de informaciones, avisos y notificaciones compite por captar nuestra atención y, a la vez, nos aleja de tareas que requieren nuestra concentración constante y sostenida. El segundo aspecto apuntó a la memoria y el conocimiento, planteando que la web se ha convertido en la solución principal para resolver tareas y preguntas, afectando de este modo la forma en que procesamos recuerdos nuevos y valoramos nuestro saber personal. Y el tercer aspecto citado es el de la cognición social y de las consecuencias que tienen para nuestro cerebro las relaciones sociales en línea.

Internet se ha convertido en un elemento inevitable, omnipresente y funcional en nuestra vida. Y no nos vemos afectados solo por la calidad de sus contenidos, sino también por los estudios de publicidad y de marketing que realizan las empresas en línea para captar nuestra atención. Cada vez que pulsamos el cursor en algún sitio de la web, esto queda registrado por la empresa que provee el servicio de búsqueda. Y esos datos son utilizados para que siempre nos estén ofreciendo información que sea *ad hoc* a nuestros gustos e intereses. La permanente atención de nuestra parte muchas veces se premia con refuerzos positivos como descuentos, promociones u ofertas relámpago, que apelan a las áreas del cerebro relacionadas con el placer y las adicciones.

Todo esto ha generado consecuencias. El uso de teléfonos inteligentes a temprana edad se ha vinculado con niños que se distraen con facilidad. Aquí aparece el concepto llamado *media multitasking*, que alude a la interacción con múltiples estímulos en forma simultánea y de modo superficial. Esto provoca que se generen usuarios a los que les cuesta enfocar la atención en una tarea determinada, ya que se distraen con facilidad con estímulos irrelevantes. Esta situación fue probada con un experimento en el que se le pidió a un grupo de personas hacer compras por internet durante 15 minutos y luego a un segundo grupo, leer una revista durante el mismo lapso. Después, se les pidió a ambos concentrarse en una determinada tarea. Y el primer grupo tuvo muchas más dificultades para concentrarse que el segundo.

Internet podría reemplazar a algunos sistemas de memorización, pero esto no es algo nuevo. Antes de los motores de búsqueda y de las bases de datos en la nube, ya existía algo conocido como "tengo un amigo que sabe de eso". De hecho, es normal que en un grupo de trabajo bien afiatado se genere algo así como la "memoria transactiva". Esto quiere decir que no solo almacenamos información en nuestro cerebro sino también en el de las personas que nos rodean. Hoy estaríamos generando ese tipo de memoria con internet.

Sin embargo, uno de los sistemas de memoria que se ve afectado con la existencia de los buscadores en línea es el de la "memoria semántica", que es la que apunta a datos y hechos. Cuando las personas buscan sus respuestas en libros, diccionarios y enciclopedias, pueden recordarlas por mucho más tiempo que quienes las encontraron en línea en pocos segundos. Esto último se asocia con una reducción de la actividad cerebral durante la búsqueda de información y se sugiere que, al buscar de esta manera, no se activan de forma eficiente las zonas del cerebro encargadas de la memoria a largo plazo.

Un estudio de la Universidad de Yale, en Estados Unidos, analizó cómo internet afecta nuestra percepción de los propios conocimientos. Los resultados mostraron un aumento en la seguridad de nuestros conocimientos cuando tenemos acceso a la web para llenar los vacíos de nuestro saber. Además, plantea una difuminación entre las memorias propias y los contenidos de internet. A sujetos de estudio que habían usado buscadores *online* para complementar sus respuestas, se les preguntó el motivo por el cual respondieron en forma tan completa y ellos lo atribuyeron a una "mayor actividad cerebral".

El uso de internet también ha afectado la sociabilidad de las personas a través de las redes sociales. Imágenes del cerebro han mostrado que las conexiones sociales en el mundo real, así como las en línea, se relacionan con el tamaño de la amígdala cerebral –sector que regula la cognición social y las emociones–, lo que prueba cómo se han solapado la sociabilidad *online* con la *offline* dentro del cerebro. En esas mismas imágenes se observó que el volumen de materia gris de determinadas áreas cerebrales tenía una relación directa con el número de amigos de Facebook, pero que no se relacionaba con las amistades del mundo real. Serían estas decenas de asociaciones nombre-cara que hacemos en nuestras interacciones en línea las que provocan este aumento en la materia gris de ciertas áreas del cerebro. Esto plantea la idea de que las conexiones *online* fomentan interacciones superficiales, involucrando cientos de asociaciones nombre-cara que no se requieren en la vida real.

Sobre esta nueva forma de socializar, los autores del estudio hablan de "un nuevo campo de juego para el mismo juego", ya que muchas de las respuestas neurocognitivas a acontecimientos sociales en línea son muy similares a las de la vida real. Por ejemplo, en el mundo real, el ser aceptado o rechazado son conceptos ambiguos y subjetivos; pero en el medio digital el éxito o el rechazo social se dan en forma directa y cuantificada en forma de *likes* y de "amigos" o "seguidores".

Según los investigadores, hay evidencia de que basar la autoestima en estos valores de aceptación repercute de forma negativa especialmente en los usuarios jóvenes. El compararse con los pares es parte de la naturaleza humana y es un rasgo que nos ha permitido desarrollar habilidades para evolucionar y sobrevivir. Pero en la interacción en línea, nuestros patrones de comparación se ven manipulados por un entorno artificial que cuenta, por ejemplo, con un editor de fotos para acentuar ciertas características físicas. Además, la información que se muestra en redes sociales es cuidadosamente seleccionada por los usuarios para mostrar vidas exitosas y felices. Con ello, se produce la comparación con la propia vida, lo que puede empeorar la concepción que se tiene de uno mismo.

Estudios han probado que los adolescentes que sobrepasan las cinco horas diarias en redes sociales tienen más probabilidades de presentar un problema de salud mental y de mostrar conductas autodestructivas en comparación con los que pasan solo una hora en este tipo de consumo. Pero no todo es negativo con el uso de internet. En adultos mayores se ha observado que esta práctica promueve la activación de determinadas zonas del cerebro, permitiendo que se atenúe el deterioro cognitivo.

Sabemos que el uso de internet genera cambios en la atención y promueve el consumo simultáneo de distintas plataformas (*media multitasking*) en lugar de una atención sostenida en un foco determinado. También que el fácil y rápido acceso a la información afecta nuestros sistemas de memoria, y que la forma en que socializamos a través de la web puede afectar la autoestima. Todos los cambios que estos nuevos consumos están provocando en el cerebro inevitablemente están cambiando también la forma en que nos relacionamos como sociedad. Por eso, se hace urgente intentar resguardar aquellos aspectos fundamentales de una buena convivencia, como la tolerancia, la empatía y el respeto mutuo. ¿Cómo lograrlo? Es una tarea pendiente y a la vez imprescindible. Por ahora, quizás podríamos esforzarnos en buscar información en terreno y en reunirnos cara a cara con nuestros pares para disfrutar de un buen momento o para aprender algo nuevo. Al fin y al cabo, ese es el tipo de contacto que nos convierte en seres sociales.

GLOSARIO

Cognición social: es una rama de la psicología social que se centra en cómo las personas procesan, almacenan y aplican información sobre otras personas y sobre situaciones sociales.

¿Por qué a veces no podemos parar de comer?

Francisca García

Su reinado puso nombre a la época victoriana. Bajo su administración, que se extendió entre 1837 y 1901, la reina Victoria llevó al Imperio británico al apogeo de su desarrollo, permitiendo que Inglaterra pasara de ser un país agrario y rural a una nación industrializada. Durante su mandato, también, el imperio alcanzó su máxima expansión, lo que la llevó a tener soberanía sobre un cuarto de la población del planeta. Hay, sin embargo, un aspecto poco conocido de la monarca. Desde pequeña mostró debilidad por la comida y ya a los dieciocho años no había nada ni nadie que pudiera calmar su apetito. Convertida en reina, Victoria impuso prontamente sus costumbres gastronómicas en la corte. Según cuentan los Archivos Reales, un banquete podría durar horas, pero ella era capaz de devorar siete platos en solo 30 minutos. ¿El resultado? una reina que optó por liberarse del corsé, admitiendo sin tapujos, que comía por placer y que no podía resistirse a un delicioso plato.

La reina Victoria era, sin lugar a duda, una comedora hedónica. La alimentación hedónica dice relación con la tendencia a comer alimentos deliciosos solo por el placer de hacerlo, incluso en ausencia de hambre. La alimentación homeostática, por el contrario, está movida por el hambre y se "apaga" cuando el cerebro reconoce que los niveles de energía ya se encuentran abastecidos.

Existe consenso en cuanto a que la alimentación y el apetito son procesos complejos que dependen de una multiplicidad de factores, entre ellos, variables biológicas, socioculturales, ambientales y sicológicas. Cualquier alteración de estas variables puede desencadenar alguna patología o un desorden alimentario como la obesidad, la bulimia o el llamado "trastorno por atracón". Este desorden se define como el consumo incontrolado de una gran cantidad de calorías de alto valor energético en un corto periodo de tiempo.

Pero, ¿qué sucede en nuestro cerebro ante esta conducta? diversos estudios en animales y personas, utilizando técnicas de neuroimagen, han revelado que las comidas altamente calóricas y deliciosas son capaces de activar circuitos cerebrales presentes en la amígdala cerebral. La amígdala es una estructura que reúne a grupos de neuronas que juegan un rol central en el procesamiento de las emociones, en especial, del miedo; y también cumple un rol protagónico en la sensación de placer que nos genera la comida.

Sin embargo, ha sido una tarea compleja estudiar qué sucede en poblaciones individuales de neuronas en la amígdala al momento de comer y, más aún, precisar qué ocurre en nuestro cerebro cuando no podemos parar de hacerlo. Un reciente estudio, publicado en la revista *Neuron* y liderado por J. Andrew Hardaway y Thomas L. Klash, de la Universidad de Carolina del Norte, en Estados Unidos, logró dilucidar el circuito neuronal detrás de esta conducta hedónica. Los investigadores demostraron que la amígdala central se activa como respuesta al consumo de alimentos sabrosos y que un subgrupo de neuronas en su interior, que producen la molécula prepronociceptina (relacionada al incremento del apetito), son las encargadas de promover el consumo de alimentos deliciosos.

Hardaway, Klash y su equipo utilizaron ratones modificados genéticamente para poder marcar las neuronas que producían prepronociceptina y así monitorear su actividad en el cerebro. Lo siguiente fue alimentar a un grupo de ratas con una dieta sabrosa, alta en grasas y, al mismo tiempo, proveer a otras ratas de una dieta normal (grupo de control).

Como primer resultado, los investigadores registraron un gran aumento en la actividad de las neuronas en estudio de la amígdala central en los animales expuestos a la dieta sabrosa y alta en grasas, en comparación con el grupo que fue alimentado con la dieta normal (grupo de control). Esta activación fue proporcional a la cantidad de calorías ingeridas, es decir, mientras más calorías fueron consumidas por los ratones, mayor fue la actividad de estas neuronas. Junto con ello, los investigadores consignaron un aumento en el peso corporal de las ratas golosas.

El siguiente paso fue estudiar la actividad de este grupo de neuronas frente al consumo de distintos tipos de comida. Para ello los científicos recurrieron a la técnica de la optogenética, un método que permite activar neuronas modificadas genéticamente, en forma selectiva, mediante destellos dirigidos de luz. En concreto se analizó la actividad eléctrica en animales que fueron alimentados, por cortos periodos de tiempo, con una dieta normal, con una dieta alta en grasa de sabor delicioso y, por último, con una dieta normal adulterada con quinina (sabor amargo). Los resultados mostraron un aumento significativo en el número de impulsos eléctricos de las neuronas que producen prepronociceptina durante el consumo de todos los tipos de comida, pero se intensificó cuando los animales fueron alimentados con una dieta deliciosa y alta en grasas y calorías.

Frente a estos resultados, el equipo de investigadores se preguntó qué pasaría si estas neuronas eran inhibidas o "silenciadas". Para ello, utilizaron una tecnología que les permitió bloquear químicamente la actividad de las neuronas que producen la prepronociceptina. Como resultado de esta desactivación química, los ratones dejaron de consumir la dieta sabrosa, alta en grasas. No obstante, el consumo de la dieta normal no se vio alterado.

En resumen, este estudio es uno de los primeros en describir cómo el centro emocional del cerebro juega un rol clave en la alimentación por placer, promoviendo el consumo de alimentos sabrosos, altos en calorías y grasas. El estudio de Hardaway y Klash cobra aún más relevancia en nuestros días cuando existe una gran variedad y disponibilidad de alimentos ricos en grasas y azúcares, y cuando los niveles de obesidad, y enfermedades asociadas muestran un inquietante aumento en los últimos años. Un reciente estudio de la Organización de las Naciones Unidas para la Alimentación y la Agricultura (FAO, por sus siglas en inglés) consignó que Chile registra la segunda tasa más alta de obesidad adulta en Latinoamérica y el Caribe, con una prevalencia de un 28,8 por ciento de la población en 2016. Este incremento en la obesidad puede explicarse por diversos factores, lo que requiere una estrategia múltiple para enfrentarlo.

Con todo lo mencionado, una cosa queda clara: nuestros cerebros parecen estar conectados para responder positivamente frente a la comida calórica deliciosa y la disponibilidad constante de alimentos grasos no contribuye al control de esta respuesta.

GLOSARIO

Optogenética: es un método que permite activar neuronas modificadas genéticamente, en forma selectiva, mediante destellos dirigidos de luz.

Amígdala: es un conjunto de núcleos de neuronas localizadas en la profundidad de los lóbulos temporales del cerebro. Forma parte del sistema límbico y su papel principal es el procesamiento y almacenamiento de las reacciones y memorias emocionales.

La ciencia devela los efectos espirituales de la ayahuasca

Nicole Sanguinetti

Estaban en una juerga abundante en alcohol y drogas y, de pronto, se les ocurrió jugar a "Guillermo Tell". Pero aquí no había una manzana ni una flecha ni era la cabeza de un hijo. Era un vaso sobre la cabeza de Joan Vollmer; y su marido, William Burroughs, empuñando una pistola Star 380, no tenía la puntería del ballestero suizo. Después de ese suceso, el escritor y miembro de la generación Beat en los años cincuenta no volvió a ser el mismo. Tras eludir a la justicia y dejar a sus hijos a cargo de otras personas, se refugió en la escritura y partió a Sudamérica en busca de la ayahuasca.

"Me siento dispuesto a irme al Sur en busca del éxtasis ilimitado que se abre en vez de cerrarse como la droga. El éxtasis es ver las cosas desde un ángulo especial. Tal vez encuentre en la ayahuasca lo que he estado buscando en la heroína, la yerba y la coca. Tal vez encuentre el éxtasis", escribió Burroughs en su primera novela, *Yonqui*, en 1953, dos años después del fatal accidente con su esposa. Estuvo en Colombia y en Perú, y consumió ayahuasca, guiado por chamanes. Esas experiencias, que él describió como viajes a otra dimensión y más intensas que las que tuvo con otras drogas, inspiraron varias de sus obras literarias. Entre ellas, *Las cartas de la ayahuasca*, el epistolario que intercambió con Allen Ginsberg, otro poeta del movimiento Beat, sobre la experimentación con esta sustancia. Es un libro que habla de viajes y de huidas –del dolor, de sí mismo, de la policía–, pero también de la búsqueda de un "más allá" de la realidad física.

Conocida como "abuela" o "soga de la muerte", esta sustancia alucinógena proviene del cocimiento de dos plantas: la *Banisteriopsis caapi*, una suerte de liana o bejuco, y la *Psychotria viridis*, conocida como el arbusto chacruna. Esta última contiene DMT (N,N-dimetiltriptamina), un potente compuesto psicotrópico –ilegal en Chile– que al ser ingerido por vía oral es rápidamente degradado sin generar efectos psicodélicos. Sin embargo, la *Banisteriopsis caapi* contiene componentes que evitan la inactivación del DMT. Por eso, la combinación de ambas plantas permite que la ayahuasca sea un elíxir cuyos efectos pueden durar horas.

En la cuenca amazónica, cada tribu indígena tiene sus propias formas de preparar la ayahuasca y existen cerca de 700 maneras de hacerlo. Su uso tiene una antigüedad aproximada de 5 mil años y en torno a él ha existido la creencia de que es un portal hacia los seres superiores de la naturaleza, una suerte de regalo de los dioses para poder interactuar con ellos. Quienes la han consumido reportan primero la sensación de adormecimiento y luego de mareo. Al rato comienzan las visiones de formas y de colores. Según estos relatos, los sentidos se agudizan y se intercambian –"se oye la luz" y "los sonidos se ven"–, pero sobre todo se tiene la sensación de que la conciencia se expande. Muchas personas se han acercado a su consumo en busca de una sanación espiritual o psicológica a través de las imágenes o visiones del propio inconsciente que provoca la ayahuasca. Y en torno a ella, se ha creado toda una industria turística chamánica, que funciona en algunos de los países que tienen selva amazónica, como Brasil, Perú, Ecuador, Bolivia y Colombia.

¿Qué dice la ciencia de todo esto? ¿Existe alguna correlación científica que explique los efectos de este brebaje en el cerebro humano?

Un grupo de investigadores de la Universidad Autónoma de Barcelona, en España, se propuso estudiar el papel del receptor de serotonina que lleva el nombre de 5-HT2A en los efectos del consumo de la ayahuasca en humanos. Un receptor es una proteína que se encuentra en la membrana de una célula y que provoca efectos en ella según la sustancia que llegue a adherirse a él. En este caso, el mismo receptor que actúa con el neurotransmisor serotonina, para provocar distintos procesos biológicos, es el que se une al DMT de la ayahuasca, produciendo potentes efectos en el sistema nervioso.

En el estudio se midieron los efectos subjetivos a través de una serie de cuestionarios que reflejaron las sensaciones físicas, la percepción del entorno, la capacidad de análisis y la sensación de difuminación de la identidad de los participantes del experimento. Los efectos fueron controlados con placebo, que incluía la administración oral de ayahuasca más ketanserina, una sustancia que inhibe al receptor de serotonina 5-HT2A; es decir, que actúa de manera opuesta a la ayahuasca. Y a través de un electroencefalograma (EEG), se midieron los cambios inducidos por la ayahuasca en las oscilaciones cerebrales, las que reflejan la actividad eléctrica de grupos de neuronas en diversas regiones del cerebro, con diferentes ritmos o frecuencias llamadas "ondas cerebrales", que pueden ser gamma, beta, alfa, theta o delta, según la velocidad de su frecuencia.

En el experimento participaron doce usuarios sanos que ya habían consumido sustancias psicodélicas. En cuatro sesiones experimentales, recibieron distintas combinaciones de placebo, ayahuasca y ketanserina. En el grupo que recibió placebo y ayahuasca, se observó una disminución en la amplitud de las ondas alfa y, al mismo tiempo, un aumento en la intensidad de los efectos visuales percibidos. Sin embargo, cuando los investigadores administraron las pruebas con ketanserina, se atenuó la intensidad de las visiones experimentadas por los participantes.

Los hallazgos sugieren que la activación del receptor 5-HT2A juega un papel clave en los efectos neurofisiológicos y visuales de la ayahuasca en los seres humanos. Por lo tanto, según los resultados observados, este receptor estaría implicado en los efectos espirituales que han sido asociados por siglos a este brebaje. La activación de este receptor por la vía de esta sustancia puede desencadenar profundos miedos, remecer la conciencia o sanar un espíritu abatido. Sin embargo, debemos tener la precaución de no estimular en exceso a este pequeño "dios interior", ya que podría producir una disociación con la realidad si no se cuidan las dosis ingeridas ni se consideran las susceptibilidades individuales. Es importante que el consumo de ayahuasca se haga bajo la supervisión de un guía especializado, un verdadero chamán, y no de un primerizo o un charlatán.

Hongos mágicos para combatir la depresión

Cristóbal Ibaceta

Los hongos alucinógenos, conocidos como "mágicos", han sido utilizados por el ser humano desde hace 7 mil años, en diversas culturas, de distintos puntos del planeta, y en múltiples rituales religiosos. Puede decirse que son la primera droga consumida por la humanidad. Hallazgos arqueológicos prueban su consumo en la India, el año 1.600 antes de Cristo. Y en el continente americano, los Imperios inca y maya los usaron en sus ceremonias espirituales, pero también con fines medicinales. Hay estudiosos que creen que este uso médico ancestral puede haber abarcado el tratamiento de los males de salud mental. Y cada vez hay más razones para creer en ello.

En los "hongos mágicos", la molécula responsable de generar las alucinaciones es la psilocibina. Esta molécula es muy similar al neurotransmisor serotonina, que en el organismo humano tiene distintas funciones, pero es conocida como la hormona de la felicidad. Ambas –psilocibina y serotonina– son capaces de activar, en la membrana de las neuronas, al mismo receptor que modula distintos procesos biológicos, entre ellos el estado de ánimo.

Para conocer mejor el efecto de la psilocibina en humanos, un grupo de investigadores del Imperial College de Londres, en Inglaterra, realizó una serie de estudios. El más reciente buscó explorar los efectos de esa molécula en pacientes diagnosticados con depresión severa y que habían sido resistentes a los tratamientos convencionales.

Primero, se verificó el estado depresivo de los pacientes mediante un test estandarizado, una semana antes de iniciar el tratamiento. Luego, se les suministró 25 mg de psilocibina y se les dio apoyo psicológico mientras duraban los efectos de la droga. Se les volvió a aplicar el test un día después de iniciado el tratamiento, para evaluar los efectos a corto plazo; y cinco semanas después, con el fin de medir el resultado a largo plazo.

Luego, los investigadores quisieron saber qué pasaba en el cerebro de estas personas y cómo este tratamiento producía cambios en la actividad de sus distintas estructuras. Para ello, aplicaron una tecnología que permite medir la actividad de distintas áreas mediante los cambios en el flujo sanguíneo, ya que la sangre tiende a concentrarse donde hay más actividad. Se encontraron con que la amígdala cerebral, el principal núcleo de control de emociones y sentimientos, y que está sobreactivada en caso de depresión, se vio disminuida en su función tras el tratamiento con psilocibina. Luego, los autores observaron un incremento en la actividad de la corteza prefrontal, lo que se correlacionó con el descenso de los síntomas depresivos; en cambio, advirtieron una baja en la actividad del parahipocampo en los pacientes que vieron disminuidos sus síntomas de depresión después del tratamiento con psilocibina y no así en los que no fueron sensibles a esa terapia.

Una semana después del procedimiento, se observó la disminución de los síntomas depresivos en los diecinueve pacientes. Después de cinco semanas, el 47 por ciento de ellos cumplió con los criterios de respuesta para un retroceso de la enfermedad. Esto revela que la psilocibina, acompañada de apoyo psicológico, se presenta como un prometedor tratamiento para este trastorno del ánimo, aunque sus mecanismos terapéuticos recién están empezando a conocerse.

En la última parte del estudio, se evaluó el estado de conciencia de los pacientes antes y después del protocolo con psilocibina. Para esto los investigadores usaron una metodología variante de la resonancia magnética funcional que les permitió medir las conexiones entre las distintas áreas del cerebro y su funcionamiento general. Sin embargo, no se encontraron cambios a nivel global. Esto resultó contradictorio con los estudios realizados por ellos con anterioridad sobre el efecto de la psilocibina en personas sanas, los cuales mostraron una desregulación de la actividad cerebral a nivel de la corteza, lo que generaba un estado de desorden en el funcionamiento del cerebro.

Esto parece mostrar que la forma en que actúa la psilocibina en personas sanas es distinta a la de personas con depresión. A estas últimas les genera un efecto de "reinicio", que les permitiría volver a un estado normal o atenuado de la enfermedad. Esto podría explicarse por el efecto positivo del "viaje" que les provoca el componente alucinógeno del hongo, rememorando situaciones de felicidad. Ese estado de reinicio puede durar como mínimo cinco semanas con solo una dosis de la droga, lo que es muy distinto al efecto de los actuales fármacos contra la depresión, que requieren dosis más altas y una ingesta diaria.

Esta investigación causó un acalorado debate, ya que es la primera vez que se utiliza esta droga psicodélica en el estudio de personas con diagnóstico de depresión. Esto provocó un cuestionamiento ético sobre la acción de suministrar una sustancia ilícita, pero cuyo potencial curativo se está develando. Frente a una enfermedad que está ganando terreno en el mundo y cuyos tratamientos no siempre dan resultado, la psilocibina surge como una esperanza, siempre y cuando se administre en forma supervisada y con apoyo psicológico.

La depresión ha sido catalogada como la enfermedad del siglo XXI, debido a las condiciones altamente exigentes y estresantes de la vida actual. En Chile, una de cada cinco personas presenta síntomas depresivos, mientras que las mujeres afectadas por este trastorno del ánimo casi duplican al número de hombres. Para agravar la situación, un gran número de pacientes padecen cuadros que son resistentes a los fármacos que existen hoy.

La molécula de los hongos alucinógenos puede llegar a usarse como una terapia real contra las depresiones severas y resistentes a los antidepresivos convencionales, pero para ello aún se necesitan más estudios, con un número mayor de pacientes y con grupos de control. Este hallazgo es auspicioso y ofrece una nueva dimensión para estos milenarios hongos mágicos, abriendo un nuevo debate sobre la legalidad de las drogas para usos medicinales.

GLOSARIO:

Corteza prefrontal: es una parte de la corteza cerebral que pertenece al lóbulo frontal y es la más cercana al rostro. Cumple funciones de coordinación de la información que proviene de otras áreas del cerebro. Tiene importancia en los procesos cognitivos, en las funciones ejecutivas y en el control conductual.

Parahipocampo: zona del cerebro que participa en la codificación de la memoria emotiva. Se la conoce también como circunvolución parahipocampal y está ubicada en la superficie inferior de cada hemisferio cerebral, entre el surco del hipocampo y el surco colateral.

CAPÍTULO IV
Mente sana en cuerpo sano

"Dice la esperanza: un día
la verás, si bien esperas.
Dice la desesperanza:
Sólo tu amargura es ella.
Late, corazón... No todo
se lo ha tragado la tierra".

Antonio Machado. "Dice la esperanza: un día...".

El coronavirus también ataca al cerebro

Constanza Contreras

Como cada mañana, Romina, una kinesióloga de 34 años, se levantó para ir a su trabajo en un consultorio de Santiago de Chile. Hacía tres días que su apetito había disminuido, lo que se acentuó porque ya no sentía el sabor de las comidas. Al día siguiente, intensos dolores de cabeza y musculares, y una fuerte fotofobia, le impidieron ir a trabajar. Pero el reposo no ayudó. No podía moverse rápido debido a los mareos que incluso le dificultaban levantarse al baño. Decidió, entonces, acudir al médico. Y, pese a que nunca tuvo tos ni síntomas respiratorios, el examen para detectar COVID-19 dio positivo.

Pero esta historia había empezado varios meses antes. En diciembre de 2019, las autoridades chinas reportaron casos inusuales de neumonía de causa desconocida. En pocas semanas, situaciones similares comenzaron a detectarse en distintos puntos de Asia, Europa y América. Se confirmó entonces que estos cuadros eran causados por un tipo de virus llamado coronavirus (CoV). Sus síntomas eran similares a los de un brote ocurrido en 2003 en China, también causado por otro coronavirus al que se llamó SARS-CoV porque producía un síndrome respiratorio agudo severo. Por eso, esta nueva versión fue bautizada como SARS-CoV 2. La Organización Mundial de la Salud (OMS) llamó COVID-19 a la enfermedad producida por este nuevo elemento patógeno en febrero de 2020.

En general, el COVID-19 ha sido descrito como un cuadro respiratorio que incluye fiebre, tos y fatiga, pero a las pocas semanas de su aparición comenzaron a reportarse manifestaciones neurológicas asociadas a la enfermedad.

El primer trabajo que analizó los síntomas neurológicos de los pacientes con este cuadro se realizó en China por un equipo del Departamento de Neurología del Hospital Unión durante enero y febrero de 2020. Liderada por Ling Mao, esta investigación estudió las historias clínicas de 214 pacientes de tres centros hospitalarios de Wuhan, la localidad china donde apareció por primera vez este virus. Después de analizar sus registros médicos, exámenes de laboratorio e imágenes, se clasificaron dos grupos a estudiar: los casos severos (88) y los que no lo eran (126). En tanto, las manifestaciones neurológicas se agruparon entre las que podían afectar al sistema nervioso central (cerebro y médula espinal), como el dolor de cabeza, el deterioro de la conciencia o los accidentes cerebrovasculares, y las que comprometían al sistema nervioso periférico (nervios): la pérdida del gusto y del olfato, la discapacidad visual y el daño muscular.

Los pacientes tenían como promedio 53 años y el 59 por ciento eran mujeres. Del total, el 36,4 por ciento presentó manifestaciones neurológicas; las más frecuentes fueron mareos y dolores de cabeza, y alteraciones del gusto y del olfato. La mayoría de estos síntomas ocurrían entre los días 1 y 3 desde la llegada al hospital y en algunos casos, los enfermos presentaban cefaleas y otros síntomas neurológicos incluso antes de manifestar fiebre o tos.

Casi el 40 por ciento de los pacientes tenía una patología de base, principalmente diabetes e hipertensión. Los casos severos mostraron menos síntomas comunes al COVID-19, como fiebre y tos, y más síntomas neurológicos, como el accidente cerebrovascular, alteraciones de conciencia, desorientación y daño muscular.

Los exámenes de laboratorio del grupo de casos severos mostraron evidentes señales de procesos inflamatorios, problemas de coagulación y compromiso multiorgánico (problemas renales y fallas hepáticas). Pero en los pacientes con compromiso neurológico hubo menos alteraciones en sus exámenes de laboratorio como resultado de una respuesta inmune más activa.

Si bien este estudio es el más detallado, en otros lugares del mundo también se están registrando las alteraciones del sistema nervioso en pacientes con COVID-19. Un trabajo del Hospital de Estrasburgo, en Francia, reportó que, entre marzo y abril de 2020, el 84 por ciento de pacientes con infección severa de SARS-CoV 2 presentó manifestaciones como confusión, agitación, desorientación o dificultad para organizar los movimientos. Y sus exámenes de resonancias magnéticas indicaron signos de inflamación del cerebro (encefalitis) y de las membranas que rodean el cerebro y la médula espinal (meningitis), además de hemorragias.

Otro trabajo publicado en mayo de 2020 por la revista *Nature Medicine* mostró una experiencia liderada por Cristina Menni, del King's College de Londres, Reino Unido, en la cual se desarrolló una aplicación para dispositivos móviles disponible en ese país y en Estados Unidos, con el fin de que las personas pudieran registrar sus síntomas. Más de dos millones de usuarios lo hicieron, de los cuales 789 mil tenían potenciales síntomas de COVID-19, pero solo 7.178 registraron que su examen de PCR había dado positivo. De los infectados, el 60 por ciento reportó haber tenido pérdida del gusto y del olfato. Después de analizar los resultados, y considerando que los datos autorreportados no reemplazan a la evaluación clínica, los investigadores concluyeron que la pérdida del gusto y del olfato puede ser un predictor potencial de COVID-19, junto con los síntomas ya establecidos como la fiebre y la tos persistente.

Pero, ¿cómo puede este virus invadir nuestro sistema nervioso? Antes, es importante saber que las células tienen en sus membranas los llamados receptores, que son proteínas que ayudan en el transporte de sustancias. Uno de ellos, el receptor para la enzima convertidora de angiotensina 2 (ACE2), sería el utilizado por el SARS-CoV 2 para entrar a nuestro organismo. Este receptor se encuentra en la membrana de muchas células; en las de las vías respiratorias, de los vasos sanguíneos, de los riñones y de los intestinos, y también en las neuronas y células gliales del cerebro y del sistema nervioso. La ruta exacta de cómo el virus puede llegar a infectarlo no ha sido reportada. Pero las principales teorías plantean que el coronavirus ingresa al organismo al invadir las terminales nerviosas, actuando de forma muy similar a como lo hacía su versión anterior, el SARS-CoV.

Las neuronas olfatorias dentro de la nariz están en contacto directo con el medio ambiente y favorecerían la comunicación con las neuronas del bulbo olfatorio y la zona anterior del cerebro, de modo que, si respiramos las pequeñas gotitas que expele alguien que tose y que posee el virus, este podría ir directamente por el tracto olfatorio hacia el cerebro y causar daño nervioso.

El otro postulado principal indica que una vez que el virus está dentro de la célula, se replica muchas veces, siendo liberado a la circulación sanguínea. Así, se activa la respuesta inmune, produciendo altos niveles de proteínas que regulan los procesos inflamatorios (las citoquinas), las que causan que la red de vasos sanguíneos y de células estrechamente unidas, que en condiciones normales evita que sustancias dañinas entren al cerebro, se haga más permeable.

Pese al gran número de investigaciones que se han realizado en el mundo sobre este tema, aún no conocemos bien el comportamiento de este virus y si las consecuencias del daño neurológico que produce pueden permanecer en el tiempo. El llamado es a estar atentos a los resultados de los trabajos que se están haciendo en los centros científicos en distintos puntos del planeta.

Los misterios que esconden las fobias

Jesús Olivares

Quienes crecieron leyendo las historietas de "Asterix y Obelix" recordarán la valentía de estos irreductibles guerreros galos, quienes aseguraban que no le temían a nada, salvo a que el cielo cayera sobre sus cabezas. Una idea irracional pero que, según fuentes históricas, fue la misma respuesta que los mercenarios galos le dieron a Alejandro Magno cuando este les preguntó qué los motivaba a pelear con la fiereza que lo hacían. Hoy es poco probable que alguien confiese tener un miedo como ese, pero sí existen personas con temores que pueden parecer tan absurdos como el de los aguerridos galos. Sobre todo, cuando esos miedos se convierten en fobias.

El miedo es una respuesta necesaria frente a los peligros potenciales y ha sido fundamental para la sobrevivencia de muchas especies. Las fobias, en cambio, son una distorsión del sistema de alerta del cual el miedo es parte y se expresan como una reacción irracional y, en muchos casos, invalidante frente a animales, objetos, patrones, situaciones e incluso conceptos que, para la mayoría de las personas, no necesariamente tienen una connotación negativa.

Es común oír hablar de fobia social; o de fobia a las arañas, a los tumultos, a los lugares cerrados. Pero hay muchas más. Y algunas son muy extrañas. Por ejemplo, la hipopotomonstrosesquipedaliofobia, que es la aversión a las palabras largas. O la antrofobia, que es el miedo a las flores. También existe el miedo a ir a cama (clinofobia) y el miedo al sexo (genofobia). Las fobias son parte de lo que se conoce como trastornos de ansiedad, uno de los cuadros psiquiátricos más comunes a nivel mundial.

Entre 2016 y 2017 hubo importantes avances en su estudio, que fueron publicados en distintas revistas científicas. Uno de los más sorprendentes es el trabajo que realizó un equipo de investigadores de universidades de Alemania, Austria y Suecia, encabezados por Gustaf Gredebäck, con bebés de seis meses de edad. Hace algunos años ya se había confirmado que tanto los adultos como los niños son proclives a enfocar su atención en arañas o serpientes cuando estas aparecen de pronto en su campo visual. Sin embargo, no estaba claro si los menores que no pueden expresarse aún con palabras presentaban algún tipo de reacción fisiológica frente a estos animales.

Gustaf Gredebäck y su equipo diseñaron un experimento en que se midió un tipo específico de respuesta del sistema noradrenérgico en niños de seis meses de edad frente a imágenes de arañas y serpientes, en contraste con imágenes de peces y flores. El sistema noradrenérgico es el sistema neuronal que, entre otras cosas, prepara a nuestro cuerpo para escapar o defenderse en situaciones de riesgo, y una de sus reacciones más visibles es un cambio en el diámetro de apertura de la pupila. Y esto fue lo que se midió en esta investigación, usando un aparato llamado rastreador ocular.

En el estudio participaron once niños y cinco niñas de seis meses de edad, a quienes se les mostraron dos conjuntos de fotos, de dieciséis imágenes cada uno. En uno había fotos de arañas intercaladas con fotos de flores; y en el otro, imágenes que intercalaban a serpientes con peces. Se tuvo sumo cuidado para que variables como el brillo, el color, el tamaño o el orden de las fotos no alteraran los resultados.

Los bebés mostraron un mayor aumento del diámetro de la pupila ante las fotos de arañas y de serpientes, en relación a las imágenes de flores y de peces. Eso permite pensar en un mecanismo ancestral, adquirido durante la evolución, que permite detectar animales potencialmente peligrosos, el cual estaría alterado en el caso de las fobias.

Las fobias tienen causas tanto ambientales como biológicas. Por las primeras entendemos todos los procesos de aprendizaje involucrados en la respuesta ansiosa de la fobia. Como causas biológicas, tenemos todas las condiciones físicas y fisiológicas que permiten que una persona sea más susceptible que otras a desarrollar estos trastornos.

Pero, ¿qué sucede en el cerebro de las personas que los sufren? Un trabajo publicado en 2016 comparó los principales estudios de resonancia magnética funcional (que permiten detectar la actividad de las distintas zonas del cerebro) en pacientes con fobias específicas. Los investigadores de la Universidad de la Laguna, en España, encabezados por Wenceslao Peñate, observaron que existe cierta heterogeneidad en las regiones cerebrales que se activan en quienes padecen estos trastornos. De acuerdo a sus análisis se observó la hiperactivación de regiones específicas, como la amígdala izquierda y la corteza insular, estructuras cerebrales que forman parte del "circuito del miedo", que es un circuito neuronal que activa el cerebro ante cualquier peligro, sea real o no, y que en personas que no presentan fobias se activa con menos intensidad cuando es necesario responder a una amenaza.

Una característica común en los participantes de los distintos estudios analizados es un bajo control cognitivo de las emociones que se activan ante el estímulo que produce aversión. Esto se produce por una conectividad anormal entre la amígdala –zona del cerebro que centraliza el circuito miedo– y la corteza orbitofrontal, área encargada de la toma de decisiones.

Actualmente, se estudian diversas terapias con el fin de mejorar la calidad de vida de las personas que padecen fobias. Las más usadas incluyen la exposición al estímulo aversivo por breves periodos de tiempo. En un estudio de Paul Siegel y colaboradores, del Purchase College, Universidad Estatal de Nueva York, publicado en 2017, se demuestra que la exposición a imágenes de arañas por un lapso de 30 milisegundos (casi imperceptibles de modo consciente) permitirían activar el procesamiento del estímulo aversivo en personas aracnofóbicas, disminuyendo así la intensidad de la respuesta. Esto es parte de lo que se conoce como terapias "de exposición" y consisten en exponer al paciente a la fuente de su ansiedad sin que perciba la intención de un daño.

Otro estudio realizado ese mismo año por Masahito Nakataki, de la Universidad de Tokushima, junto a otros investigadores de Japón, Suiza y Alemania, mostró que, al administrar cortisol a pacientes con fobias específicas, se reducía en forma considerable la actividad de la amígdala cerebral.

Entre las terapias más novedosas están las que incorporan realidad virtual. Las primeras publicaciones que dan cuenta del uso de esta tecnología datan de 1990 y en ellas se vislumbra su utilidad en el tratamiento de desórdenes como los alimenticios o los relacionados con la ansiedad, el estrés e incluso la psicosis. Pero la mayor eficacia se observa en el tratamiento de las fobias, ya que estas tecnologías se basan en el principio de las terapias de exposición. En este tipo de terapias, el paciente tiene la oportunidad de interactuar virtualmente con el causante de su aversión; así, en el caso de la aracnofobia, la persona podría "tomar" en sus manos una araña virtual e interactuar con ella.

Es preciso recomendar a quienes presentan alguna fobia que se armen de valor y busquen ayuda profesional. Este es un problema que puede ser invalidante en algunos casos, pero la buena noticia es que hasta la más extraña de las fobias puede ser tratada y superada con una terapia apropiada. Las nuevas tecnologías, en especial las de realidad virtual, están ofreciendo nuevas oportunidades de tratamiento que en otras épocas habrían sido impensables.

Ejercitar para recordar

Paula Mujica

Él pensaba que, así como había enfermedades del cuerpo, había otras enfermedades del cerebro. En 1901 y mientras trabajaba en el Hospital Psiquiátrico de Frankfurt, Alemania, el psiquiatra y patólogo alemán Alois Alzheimer atendió a una mujer que mostraba algunos síntomas que le llamaron la atención. Auguste Deter, una dueña de casa de 51 años tenía serias dificultades para comunicarse con palabras, estaba desorientada y le costaba recordar algunos hechos recientes. Poco a poco, relató su marido, Auguste había comenzado a apagarse. Al doctor Alzheimer le bastó con escuchar este relato para interesarse en su caso y hacerse cargo del tratamiento. Durante cinco años tuvo la oportunidad de estudiar su evolución y ver cómo Auguste perdía gran parte de sus capacidades físicas y emocionales. Cuando ella murió, el doctor Alzheimer estudió su cerebro con cuidado y rigurosidad. Descubrió que su corteza cerebral era más estrecha de lo habitual e identificó una serie de placas anormales que relacionó con el cuadro que había desarrollado su paciente. Estas dos anomalías siguen siendo rasgos distintivos de la enfermedad de Alzheimer, un síndrome crónico y progresivo que se caracteriza en lo fundamental por el deterioro de las capacidades cognitivas. Esta desmejora suele ir acompañada, y en ocasiones precedida, por una alteración del control de las emociones y la conducta, interfiriendo en las actividades cotidianas y provocando la pérdida de la independencia y de la autonomía.

En las Américas cerca de diez millones de personas están afectadas por alguna demencia, siendo la enfermedad de Alzheimer, la principal causa de esta patología. Según la Asociación Internacional de Alzheimer, se diagnostica un nuevo caso de demencia cada tres segundos, y se estima que este año alrededor de 81 millones de personas padecerán alguna de sus variantes.

En la actualidad no hay una cura para esta enfermedad, pero se han identificado diversos factores protectores que permiten reducir el riesgo de padecerla. Alimentación balanceada, ciclo de sueño adecuado y ejercicio físico son estilos de vida que la comunidad médica quiere implementar en la población para disminuir la incidencia de esta patología neurodegenerativa.

De acuerdo a la Fundación Estadounidense de Investigación y Prevención del Alzheimer, el ejercicio regular puede reducir hasta un cincuenta por ciento el riesgo de desarrollar esta dolencia. Pero hay más. Realizar actividad física puede enlentecer el deterioro progresivo, en aquellas personas que ya comenzaron a presentar algunos problemas mentales. Previamente fue publicado un estudio clínico que daba cuenta del impacto del ejercicio en adultos de 55 años y más, en especial entre quienes manifestaban tener las primeras dificultades de tipo amnésico, la forma más común de esta patología que afecta a la memoria en particular. Todos los participantes de esta investigación tenían una característica común, una acumulación de beta amiloide, una microproteína que se "desarma" y comienza a agruparse de manera progresiva, formando placas que dificultan la comunicación entre neuronas y, por último, provocando daño y muerte celular.

En esta investigación, realizada por Takashi Tarumi de la Universidad de Texas, EE.UU., publicada en 2019 en la revista *Journal of Alzheimer's Disease*, se evaluó el efecto de un programa de ejercicio aeróbico progresivo de moderada a alta intensidad sobre la memoria, la función ejecutiva, el volumen del cerebro y los niveles de beta amiloide en la corteza cerebral de los participantes. Al equipo de investigadores también le interesó monitorear el volumen total del cerebro y del hipocampo, ya que en esta última estructura residen funciones que se alteran con el Alzheimer, como el aprendizaje y la memoria.

Los científicos dividieron a los participantes en dos grupos de estudio: uno que realizó entrenamiento aeróbico y otro que hizo estiramientos y actividades relacionadas con el control del tono muscular. Al final de las pruebas, en los dos equipos se registraron niveles similares de habilidades cognitivas, en particular, en la memoria y en la resolución de problemas. Sin embargo, las imágenes del cerebro revelaron beneficios únicos en aquellos participantes que ya tenían depósitos de beta amiloide y que se ejercitaban con regularidad. Su hipocampo, en particular, redujo su tamaño en menor medida en comparación con quienes no se ejercitaban.

Antes de realizar estudios clínicos en humanos, los científicos realizan investigaciones utilizando modelos animales. Para entender en mayor profundidad cuál es el impacto del ejercicio de intervalos en la enfermedad de Alzheimer, se hizo una investigación similar en la Universidad de Shangai, China. El equipo, a cargo de Baixia Li, utilizó un tipo especial de ratón que tiene la particularidad de producir el péptido beta amiloide humano tóxico en grandes cantidades. De esta manera, esta variedad de roedor ya tiene acumulación de placas amiloide a los seis meses de vida, período en el que comienza a observarse un cierto deterioro cognitivo.

Como punto de partida se seleccionaron ratones de tres meses de edad y se dividieron en tres grupos de estudio. El primero, denominado de control, incluyó solo a animales sedentarios. El segundo grupo, en tanto, fue sometido durante doce semanas a un entrenamiento de alta y mediana intensidad. Y, por último, un tercer grupo, que debió ejercitarse con actividad aeróbica moderada por media hora. Una vez concluidas las doce semanas, los investigadores evaluaron el impacto del ejercicio sobre la memoria espacial, clásica investigación cuando se trabaja con animales, especialmente en modelos de Alzheimer. Para ello, recurrieron a una prueba llamada Laberinto de agua de Morris, donde se entrena a los animales para aprender la ubicación de una plataforma de escape dentro de una piscina circular llena de agua.

Tal y como era de esperarse –independiente del tipo de ejercicio que realizaron– los ratones con las mutaciones asociadas a Alzheimer mejoraron su desempeño en esta prueba en comparación al grupo sedentario de control y también se observó una disminución en el número de sus placas amiloide. Del mismo modo, determinaron que el ejercicio tuvo un impacto positivo en la función de las mitocondrias, un organelo que entre otras funciones es responsable de proveer de energía a nuestras células. Los investigadores centraron su atención en las mitocondrias, porque según una línea de investigación, es en este órgano donde se inicia la escalada del deterioro cognitivo tan característica del Alzheimer. Si bien se reconoce que la función de las mitocondrias se ve naturalmente afectada con el envejecimiento, la acumulación de proteína beta amiloide resulta determinante para marcar el inicio de esta patología.

Cuando nuestras mitocondrias funcionan producen radicales libres. Los radicales libres son sustancias químicas que se forman en el metabolismo cuando se rompen algunas moléculas; son elementos muy "inestables" y tienden a reaccionar provocando la ruptura de otras moléculas, proceso conocido como oxidación. En nuestro cuerpo, la producción de radicales libres es necesaria, ya que muchos procesos dependen de estas sustancias, sin embargo, su acumulación excesiva puede acelerar los procesos de envejecimiento y muerte celular.

El poder destructivo de los radicales libres puede ser neutralizado con antioxidantes, sustancias que se encuentran en determinados alimentos, en algunas vitaminas, enzimas y minerales. Cuando los antioxidantes no son suficientes para contrarrestar estas especies reactivas y aumenta su número en la célula, crece la actividad oxidativa en su interior, produciendo cambios estructurales y funcionales en la misma, lo cual acelera su envejecimiento y se favorece la muerte celular.

Por último, los investigadores de la Universidad de Shangai concluyeron que el tipo de entrenamiento con intervalos de intensidad fue capaz de disminuir el estrés oxidativo y aumentar la actividad de enzimas antioxidantes en el hipocampo de estos ratones.

Si bien aún no existe una terapia farmacológica efectiva para esta patología, se están abriendo puertas a nuevos tratamientos y miradas. Si pensamos que la población mundial está envejeciendo a pasos agigantados, las políticas de salud pública debieran considerar aquellos factores protectores del deterioro físico y cognitivo, donde el ejercicio –en especial el de alta intensidad– aparece como factor protector.

GLOSARIO:

Laberinto de agua de Morris: prueba diseñada por Richard Morris para evaluar la memoria espacial en ratas. Consta de una piscina circular con agua en la que se ubica una plataforma de escape que debe ser localizada por el animal. La versión tradicional del laberinto es una tarea espacial en la que los animales nadan desde diferentes puntos de salida situados en el perímetro de la piscina hasta encontrar la plataforma sumergida en el agua.

Radicales libres: son moléculas que se producen constantemente en nuestro organismo como resultado de las reacciones biológicas de las células. Los radicales libres son moléculas muy reactivas, necesarias para realizar determinadas funciones y mantener el estado de salud. No obstante, la producción de radicales libres a lo largo del tiempo puede tener efectos negativos ya que alteran las membranas de las células y el material genético (ADN de la célula).

Beta amiloide: es un péptido (microproteína) de reducido tamaño que, aunque se relaciona con la enfermedad de Alzheimer, cumple otras funciones vitales en el organismo. Los pacientes con esta patología presentan niveles alterados en dos proteínas, llamadas beta amiloide y tau, que cooperan para obstruir las funciones del cerebro y afectar a las funciones cognitivas.

Las miniserpientes que prometen salvar vidas

Mateo Barría

Aunque están pensadas para navegar por los vasos sanguíneos del cerebro, no tienen voluntad propia. Y pese a moverse como serpientes, no tienen músculos. Se trata de pequeños robots con forma de lombrices milimétricas, que son controladas a la distancia a través de imanes y que pueden reparar los conductos sanguíneos. Son toda una novedad en la lucha contra las diversas averías que puede sufrir un sistema tan complejo como el circulatorio. Formado por cientos de pequeñas tuberías de milímetros de ancho, este delicado engranaje compuesto por venas, arterias y capilares puede sufrir problemas como aneurismas, coágulos, obstrucciones y estenosis o estrecheces.

Las minúsculas serpientes robots fueron diseñadas para avanzar por estas tuberías sin romperlas ni dañarlas. Parecen salidas de la ciencia ficción, pero son una realidad. Fueron presentadas al mundo en 2019 a través de la revista *Science Robotics*, que publicó el trabajo de un equipo de científicos del Massachusetts Institute of Technology (MIT), liderado por Yonhoo Kim. Ellos son los creadores de estos pequeñísimos robots de 0,6 milímetros de diámetro, de un material flexible, suave y alargado, y con una punta magnética que puede ser controlada a distancia por un médico.

Los investigadores los llaman "robots ferromagnéticos suaves y continuos" y fueron diseñados pensando en no romper ni pasar a llevar los aneurismas. Estos se producen cuando se debilita la pared de un vaso sanguíneo y se provoca una protuberancia. Este estiramiento del conducto puede llevar a que se rompa, produciendo una hemorragia que puede ser letal si ocurre en ciertas zonas del cerebro. Por eso, es muy difícil avanzar por los conductos vasculares cerebrales cuando hay aneurismas.

Hoy existen otras técnicas de intervención quirúrgica en las que se usa una suerte de alambre con una punta doblada, la que se orienta manualmente para sortear los giros y vueltas de los vasos sanguíneos. Estos alambres están hechos con materiales que permiten ver el avance sin abrir la zona intervenida a través de fluoroscopía, una técnica que entrega imágenes en tiempo real usando rayos X. La serpiente robot, en cambio, se controla de manera precisa, a distancia, sin los límites que ponen los giros o dobleces. Y los imanes que la componen tienen la proporción adecuada para poder ser observada a través de los rayos X.

Para los investigadores, fue un gran desafío lograr un material suave, flexible y posible de controlar a la distancia. Tras arduos estudios sobre sustancias magnéticas, determinaron la cantidad exacta requerida para que estos minirobots se muevan sin perder la flexibilidad de su otro componente, la silicona. Con estos datos, prepararon un material compuesto por pequeñas partículas de dimeticona –una silicona usada en bálsamos para el cabello– y un 20 por ciento de imanes de neodimio, un material usado en la fabricación de discos duros, audífonos y motores eléctricos. Esta mezcla se usó como una suerte de "tinta" para "imprimir" (como en una impresora 3D) y moldear los robots.

Otra ventaja de usar silicona es que no es tóxica y que, al cubrir las partículas magnéticas, evita sus efectos nocivos. Además, el robot fue cubierto por una capa de hidrogel, un polímero –como los plásticos– que se caracteriza por retener agua y servir para muchas aplicaciones biomédicas. Esta capa se encarga de disminuir el roce con la sangre y permitir el impulso de la miniserpiente con un mínimo esfuerzo.

La movilidad de estos robots fue probada en el laboratorio en un modelo a escala real de zonas cerebrales con arterias de 2,5 a 3,5 milímetros de diámetro y varios aneurismas adosados. Un video mostró cómo la miniserpiente exploró el modelo, impulsada por imanes y acercándose a los aneurismas sin riesgo de reventarlos. Para el equipo de Yonhoo Kim, estas demostraciones son solo el comienzo. Ellos también equiparon al robot con un láser y lo activaron dentro de los modelos de prueba, pensando que podría utilizarse para cortar obstrucciones y evitar infartos.

Estos pequeños robots aún no han sido probados en organismos vivos ni han pasado pruebas de toxicidad más exigentes. Sin embargo, sus diseñadores fueron muy rigurosos con los métodos y materiales que usaron. Por ello, aseguran que muy pronto podrán utilizarse en procedimientos médicos. La responsabilidad de su uso será de los doctores que los dirigen, pues el "cerebro" del robot no está en su cuerpo sino en quién (o qué) controle los imanes. Por ello, lo único que limita su autonomía es el desarrollo de un buen programa que los maneje, quizás a través de la inteligencia artificial.

Ante esto, no es difícil imaginar un futuro en que, para evitar un infarto, solo tengamos que ir a una limpieza rutinaria de nuestro sistema circulatorio, realizada por un grupo de minúsculas serpientes equipadas con rayos láser que se introducen en nuestro organismo. Un futuro prometedor a pesar de que a muchos nos provoque un escalofrío.

El lado oscuro de la luz azul

Sandra Reyes

No han estado exentos de polémica. Los profesores Isamu Akasaki, Hiroshi Amano y Shuji Nakamura ganaron el Premio Nobel de Física en 2014. La Real Academia de las Ciencias de Suecia reconocía su trabajo al inventar el diodo emisor de luz LED, "una nueva luz para iluminar el mundo, más eficiente y respetuosa con el medio ambiente". Sin embargo, esta "nueva luz" que ha permitido un considerable ahorro energético, al parecer no resulta del todo beneficiosa para nuestra salud, en especial, para nuestros ojos.

Los ojos, como órganos sensoriales, son fundamentales para relacionarnos con el medio ambiente. Una de las estructuras principales del ojo es la retina, es su capa más interna y quizás la más importante; recibe la luz y la transforma en un impulso nervioso que viaja hasta el cerebro a través del nervio óptico, y se convierte, de esta manera, en las imágenes que percibimos. Pero la retina tiene otra particularidad: es considerada como una extensión del cerebro, una parte del sistema nervioso.

Nuestros ojos pueden ver un espectro limitado de luz que va desde el rojo al violeta. La luz azul, objeto de este estudio, produce una gran cantidad de energía debido a que tiene una longitud de onda muy pequeña. Este tipo de luz se produce naturalmente por el sol y es usada por el cuerpo humano para regular sus ciclos circadianos (de sueño y vigilia). No obstante, también se encuentra en todo tipo de dispositivos electrónicos como celulares, tabletas y notebooks, aparatos que emiten luz azul-violeta, cuya longitud de onda está cercana a los dañinos rayos ultravioleta (UV) del sol, pudiendo afectar nuestra visión a largo plazo de manera irreversible. Se estima, además, que sería un factor de riesgo para desarrollar degeneración macular relacionada con la edad (DMRE), la primera causa de pérdida de visión central en la población mayor de 55 años en países desarrollados occidentales.

Se trata de una patología ocular crónica y progresiva que rara vez se presenta antes de los 55 años, siendo más común en los mayores de 75 años. Esta enfermedad degenerativa afecta a la mácula, la zona central de la retina que permite ver con mayor agudeza los detalles y los objetos pequeños. En particular se produce un daño progresivo del epitelio pigmentario, una capa que cubre y nutre la retina, y en las células de la mácula donde se concentra la mayor cantidad de fotorreceptores responsables de la agudeza visual y la discriminación de colores. Como consecuencia, las personas que padecen esta patología sufren una pérdida gradual de la visión central y de los detalles tanto de cerca como a la distancia.

La irradiación de luz excesiva, y más aún la radiación por longitud de onda azul, podría tener incidencia directa en el deterioro del funcionamiento de la retina que causa la degeneración macular. El doctor Maho Nakamura, de la Gifu Pharmaceutical University de Japón, publicó un artículo en que se estudiaron los efectos de la luz fluorescente blanca y la luz led azul sobre la retina de ratones.

En esta investigación, los científicos dividieron a los ratones en dos grupos. El primero fue expuesto a altas intensidades de luz fluorescente blanca por tres horas durante tres días consecutivos, mientras que el segundo fue expuesto a luz LED azul, por tres horas solo un día, o tres días consecutivos.

Con posterioridad a la exposición a la luz, Nakamura y sus colaboradores utilizaron varias técnicas para determinar el estado del ojo de las ratas en estudio. Fotografiaron la retina para observar las diferencias en su estado y realizaron una tomografía de coherencia óptica para ver en detalle la estructura y mediciones de las capas que la conforman. También realizaron un análisis microscópico para examinar sus células y su disposición, y por último realizaron pruebas electrofisiológicas consistentes en medir las variaciones eléctricas de los fotorreceptores en respuesta a la luz.

Los investigadores no apreciaron diferencias significativas en la retina de ratones expuestos a luz fluorescente blanca; sin embargo, en ratones expuestos a luz azul consignaron la aparición de puntos blancos, correspondientes a acumulación de material de desecho extracelular y que se observan típicamente en cuadros de degeneración macular relacionada con la edad.

Estos puntos blancos podían distinguirse con claridad en el sexto día de exposición a la luz, tanto en ratones sometidos a un día como en aquellos sometidos a tres días de luz, siendo mayor la cantidad observada en estos últimos. Además, tanto en el análisis microscópico del tejido como en la tomografía de coherencia óptica, se verificó un adelgazamiento de la capa nuclear externa, capa de la retina que contiene los núcleos de los fotorreceptores.

Las pruebas electrofisiológicas demostraron una menor respuesta de los fotorreceptores expuestos a radiación por luz azul. A partir del séptimo día de exposición a luz azul, el equipo de Namukura registró una reducción en la cantidad de puntos blancos observables, pese a que se mantuvo el adelgazamiento de la capa nuclear externa.

Por último, se reveló que el daño al epitelio pigmentario es anterior al adelgazamiento de la capa nuclear externa de la retina, debido a que este tipo de luz generaría una ruptura de las uniones celulares a este nivel. En condiciones normales, las células del epitelio pigmentario absorben y reciclan constantemente componentes de los fotorreceptores, por lo que su alteración impide este proceso resultando en su acumulación, lo que a su vez genera que las células del sistema inmune intenten eliminar estos desechos, conformando los puntos anormales visibles en la retina característicos de la degeneración macular.

El aumento de la esperanza de vida, junto a factores genéticos y ambientales, se ha ligado al incremento en las enfermedades degenerativas del ojo. Uno de los factores que ha impactado en ello es el uso masivo de dispositivos electrónicos. Si bien estos aparatos se han vuelto imprescindibles en el uso cotidiano, ya que los usamos como fuente de entretención y comunicación, es posible calibrar las pantallas para disminuir la emisión de luz en este rango, utilizar software incorporados en los equipos o aplicaciones descargables, o usar filtros especializados.

Aunque todavía no existe suficiente evidencia científica que apunte a que la luz azul tiene consecuencias negativas en la visión de los humanos, es importante cuidar nuestros ojos. Mal que mal, la vista es el más utilizado de los cinco sentidos, como lo consignó un estudio del

Instituto Max Planck de Alemania, el mismo que puntualizó que cerca del 50 por ciento del cerebro se dedica a procesar lo que vemos. Una buena cifra para ponerle ojo a nuestros ojos.

GLOSARIO

Diodo: es un dispositivo electrónico creado para que la corriente fluya en un solo sentido.

Retina: es una membrana delgada que cubre una gran parte de la superficie interna del globo ocular. Entre sus componentes hay un tipo de neuronas que son sensibles a la luz y que se llaman fotorreceptores (conos y bastones). La retina central contiene la mácula y la fóvea.

Fotorreceptores: son células especializadas de la retina de los ojos responsables de convertir la luz en señales que son enviadas al cerebro.

¿Se puede vivir con medio cerebro?

Maia Zabel

Suena como una solución extrema, pero al parecer funciona. Se trata de extirpar o inhabilitar uno de los hemisferios del cerebro. La hemisferectomía es una técnica quirúrgica que se hizo por primera vez de manera experimental en un perro en 1888. La primera intervención en humanos fue realizada en la Universidad Johns Hopkins en 1923 por el neurocirujano Walter Dandy, quien realizó esta operación para tratar a un paciente con un tumor cerebral. Desde esa fecha, y con algunos cambios para mejorar el procedimiento, se ha venido implementando como solución a casos de epilepsias convulsivas extremas que no respondan a otros tipos de tratamientos, y donde la condición de los enfermos es progresiva y amenaza con causar daños en el resto del cerebro en el caso de no ser detenida.

El cerebro posee dos hemisferios. El hemisferio derecho coordina los movimientos del lado izquierdo y viceversa. Entre las redes de neuronas de cada lado existen conexiones muy importantes para las cuales se han revelado asociaciones con diferenciaciones individuales en la cognición y comportamiento, personalidad y enfermedades. Muchos estudios han llegado al consenso de que es un conjunto relativamente pequeño de redes las que regulan todo esto y que no varían mucho entre individuos. Sin embargo, y a pesar de esto, existe la posibilidad de mantener las funciones del cerebro casi intactas en casos de neuroanatomías atípicas o formas cerebrales poco comunes, como casos raros de hidrocefalia o lesiones cerebrales que involucren la pérdida de una parte de este órgano.

Esto llamó la atención de investigadores de Estados Unidos y Singapur quienes, a cargo de la científica Dorit Kliemann del Instituto de Tecnología de California, Caltech, publicaron en *Cell Reports* a finales de 2019 un estudio que cuantificaba la conectividad funcional de seis individuos a quienes se les había practicado una hemisferectomía.

En este estudio participaron seis personas adultas –entre los 20 y 30 años– a quienes se les había extirpado uno de sus hemisferios durante su infancia (entre los 3 meses y los 11 años de edad) y un grupo de control conformado por seis adultos que no habían sido sometidos a ninguna cirugía.

A los doce participantes se les tomaron imágenes cerebrales bajo parámetros idénticos mediante resonancias magnéticas funcionales. Estas resonancias muestran en imágenes las zonas del cerebro que se activan al hacer ciertos movimientos o pensar en determinadas cosas. Por ejemplo, si se requiere ver qué área del cerebro se activa cuando se mueve una mano, se le pide al paciente dentro del resonador magnético (imagine una camilla dentro de un tubo de metal) que se quede lo más quieto posible y que solo mueva los dedos de la mano cuando se le indique. Esto hará que de forma natural vaya más sangre hacia el área del cerebro encargada de controlar esto y será ese mismo aumento del flujo/volumen sanguíneo el señalado por el escáner.

En este caso, Kliemann se centró en observar las conexiones en regiones del cerebro conocidas por controlar la visión, los movimientos, la emocionalidad y la cognición. Además, compararon los resultados con los datos recolectados por el Brain Genomics Superstruct Project, una colección de datos de neuroimagen, comportamiento, cognitivos y de personalidad de más de 1.500 participantes, que busca explorar la relación entre el funcionamiento del cerebro, la conducta y la genética.

Antes de la obtención de los resultados, los investigadores imaginaron encontrar conexiones más débiles en las redes neuronales de los pacientes que poseían un solo hemisferio ya que muchas de estas redes involucran a ambas estructuras, en especial, en los casos de personas con cerebros típicos. Del mismo modo se sorprendieron al ver que las personas estudiadas podían vivir con la mitad de su cerebro, pensando que, en muchas oportunidades, un accidente vascular cerebral, una lesión cerebral traumática o un tumor, que afecte a algún hemisferio puede tener consecuencias devastadoras.

Los resultados, en cambio, fueron sorprendentes. El equipo de investigadores descubrió una conectividad cerebral normal e incluso conexiones más fuertes entre diferentes redes comparadas a los pacientes del grupo de control, observaciones que abren las puertas a nuevas investigaciones que analicen los principios de la reorganización cerebral. Por ejemplo, las estructuras cerebrales encargadas de controlar la función de caminar parecían comunicarse de manera más activa con las regiones que controlan el habla.

Este estudio aporta evidencia clave para la futura comprensión acerca de cómo el cerebro se reorganiza después de una intervención tan radical y extrema como la hemisferectomía y que, además, da como resultado una cognición dentro de los parámetros típicos en los pacientes que tuvieron esta cirugía. Sin duda alguna, esta reorganización de las redes del cerebro nos muestra un sello distintivo de la plasticidad cerebral donde este órgano es capaz de adaptarse y modificar sus propias conexiones para funcionar con normalidad.

Un algoritmo ayuda a diagnosticar la esquizofrenia

Juan Ahumada

Los algoritmos han pasado a tener un lugar importante en nuestra vida cotidiana. Un algoritmo determina qué contenido recibimos a través de las redes sociales, qué noticias nos llegan a través de aplicaciones en el celular y un sinfín de otras situaciones y que están a merced de un programa computacional. La palabra "algoritmo" viene de al-Juarismi, el nombre con que se conoce en el mundo hispano a un matemático persa que vivió entre los años 780 y 850 y a quien debemos, entre otras cosas, la creación del álgebra y la introducción en Occidente de los números tal y como los conocemos hoy. Gracias a al-Juarismi, hoy multiplicamos 123 por 11 y no CXXIII por XI. A este erudito le tocó vivir en medio de la efervescencia cultural de la corte del califa al-Mamun, quien ofrecía jugosas recompensas a quienes le llevaran libros de otras tierras y culturas. Así, al-Juarismi tuvo acceso a las traducciones de textos de otras épocas y otras latitudes, y fue capaz de unir la geometría griega con el sistema de diez símbolos numéricos que venía de la India. Con estos conocimientos, creó una nueva forma de pensamiento matemático que hoy llamamos álgebra. Para él, lo importante frente a un problema no eran los números que había que descubrir sino el proceso más adecuado para llegar a ellos.

Al-Juarismi enseñó que lo fundamental es la secuencia de pasos lógicos para llegar a la solución de un problema. Debido a la traducción de su nombre en los libros que escribió, este concepto clave se hizo conocido como "algoritmo". Se trata de un concepto válido tanto para una receta de cocina como para la elaboración de un programa informático. Hoy en día existe una enorme variedad de algoritmos, que permiten a las computadoras descubrir patrones y tomar decisiones a partir de los datos recolectados. Y eso es lo que hoy llamamos inteligencia artificial.

En 1950 el doctor en química Isaac Asimov inició con *Yo, robot* una serie de relatos y libros protagonizados por seres con cerebros artificiales. Desde entonces, los lectores de todas las edades han hecho volar su imaginación con la idea de que las máquinas pueden llegar a pensar por sí mismas. Décadas más tarde, en 1997, Deep Blue, un programa computacional diseñado por IBM para jugar ajedrez, derrotó al entonces campeón mundial Gary Kaspárov. En 2017, salió a la luz pública AlphaZero, un programa informático creado por DeepMind (propiedad de Google), que fue diseñado para aprender ajedrez por cuenta propia, analizando las posibilidades de miles de jugadas. Después de solo cuatro horas de autoaprendizaje, AlphaZero superó de manera brillante en un duelo de cien partidas al entonces campeón de los programas ajedrecistas, Stockfish 8. Este tipo de sistemas programados con capacidad de aprender por sí mismos pueden tener un sinfín de aplicaciones en distintas áreas y una de ellas es la salud.

Hay grupos de investigadores que están realizando importantes esfuerzos para crear algoritmos que puedan ayudar en los diagnósticos médicos de una forma rápida y precisa. Entre las enfermedades que requieren de una mejora en su diagnóstico está la esquizofrenia, un cuadro psiquiátrico invalidante y crónico que afecta al uno por ciento de la población mundial.

Uno de estos grupos es el que lidera el doctor Xiang Yang Zhang, del Instituto de Psicología de la Academia de China, en Pekín, y en el que participan otros científicos de Estados Unidos y Canadá. Ellos están diseñando algoritmos para analizar la avalancha de datos que se obtienen con las técnicas que registran la actividad cerebral, como la resonancia magnética funcional, que reconoce la actividad neuronal a través de los niveles de oxígeno en la sangre. Estos científicos creen que una temprana detección de la esquizofrenia ayudaría a planificar los tratamientos de una manera más efectiva para mitigar la progresión de la enfermedad e incluso prevenir o adelantarse a futuros episodios de la misma.

Con esta idea en mente, los investigadores reclutaron un considerable número de pacientes con esquizofrenia en el Hospital Hui-Long-

Guan de Pekín y a otra importante cantidad de personas sanas de la misma ciudad con el fin de comparar sus cerebros. Los pacientes fueron tratados durante diez semanas con dosis de risperidona, un fármaco antipsicótico usado en el tratamiento de la esquizofrenia. Durante el transcurso del experimento, los científicos registraron la actividad cerebral de ambos grupos con imágenes de resonancia magnética funcional. Además, se utilizó un algoritmo que aprendió previamente a analizar este tipo de registros y, junto con avanzados métodos estadísticos, relacionó las conexiones funcionales entre la corteza temporal superior, zona que participa en la percepción auditiva y en la integración sensorial, con otras áreas de la corteza cerebral.

Los resultados arrojaron que las conexiones de la corteza temporal superior con las otras áreas corticales se encontraban disminuidas en los enfermos, lo que se podía relacionar con los problemas para representar la realidad que sufren los esquizofrénicos, como las alucinaciones auditivas. Además, el algoritmo fue capaz de diagnosticar con un 78 por ciento de precisión a las personas que padecían la enfermedad. Y lo más notable es que pudo predecir con un 82 por ciento de acierto si la risperidona iba a ser efectiva o no.

Estudios anteriores habían reportado más del 90 por ciento de precisión en diagnosticar a personas con esquizofrenia en etapas avanzadas. Pero este es el primer estudio que predice la efectividad del tratamiento con risperidona en pacientes con solo un primer brote psicótico.

Por mucha experiencia y herramientas que tenga un médico especialista, a veces no es fácil llegar a un diagnóstico certero en el área de salud mental. Diferentes trastornos neurosiquiátricos pueden tener una misma batería básica de síntomas. Por ejemplo, tanto un paciente con esquizofrenia como uno con depresión pueden presentar ataques de ansiedad. Además, los tratamientos con fármacos para personas con esquizofrenia son del tipo ensayo y error. Solo se sabe si un medicamento será efectivo después de probarlo en un paciente.

Este tipo de tecnología debería ir evolucionando para llegar a ser parte de un diagnóstico clínico básico y cotidiano en la salud pública. Pero aún falta un largo camino por recorrer. Por ahora, estos resultados son un paso importante para que en un futuro no muy lejano lleguemos a tener ayudantes artificiales al servicio de los médicos, tanto para un diagnóstico como para un tratamiento más preciso y efectivo.

GLOSARIO:

Resonancia magnética funcional: es un procedimiento que permite mostrar en imágenes la actividad de las distintas zonas cerebrales que están ejecutando una tarea.

El padre también cuenta: 50 y 50

Bárbara Cádiz

Hasta ahora todos los ojos estaban puestos en la mujer. Hay suficiente evidencia científica que advierte sobre los efectos del consumo de tabaco durante el embarazo. Puede afectar el desarrollo normal del feto, provocar un bajo peso al nacer, producir anomalías congénitas e incluso desencadenar un parto prematuro. Pero, ¿qué pasa con el hombre y el consumo de tabaco? En el mundo hay 1.397 billones de fumadores; cuatro de cada cinco, son hombres.

Aunque la madre siga los cuidados prenatales al pie de la letra, no podemos olvidar que solo aporta un 50 por ciento de la carga genética del hijo; la otra mitad la aporta el padre en el momento de la concepción. ¿Tendrá algún efecto directo en el feto también? Suena difícil de imaginar. No obstante, un grupo de investigadores a cargo de Deirdre McCarthy de la Universidad de Florida, Estados Unidos, hizo un hallazgo importante. La exposición a la nicotina en ratones macho adultos produce cambios cognitivos y de locomoción en su descendencia, lo que significa que las ratas cuyos padres estuvieron expuestos a la nicotina, el compuesto más adictivo del cigarro, tendrían alteraciones en algunas estructuras de su cerebro.

Como punto de partida, expusieron a un grupo de ratones macho adultos a nicotina disuelta en el agua que bebían y, con posterioridad, fueron cruzados con hembras sanas sin exposición previa a esta sustancia. Enseguida realizaron pruebas específicas para determinar si los animales tenían problemas locomotores, de aprendizaje o ansiedad y no encontraron diferencias en los adultos con respecto a machos sin exposición a la nicotina.

Sin embargo, para su sorpresa, los científicos observaron que las crías tenían comportamientos distintos a la descendencia de padres no expuestos a nicotina; eran hiperactivos y tenían mayor dificultad en el aprendizaje. También les llamó la atención que mostraban menor cantidad de dopamina, un neurotransmisor que usan las neuronas para comunicarse entre ellas, conocida también como la "molécula del placer". Y aún hay más. No solo constataron que la cantidad de esta molécula estaba comprometida, sino que también anotaron una baja de la cantidad del receptor de dopamina, que es una proteína que se encuentra distribuida en algunas neuronas específicas en el cerebro y se une con este neurotransmisor, generando una señal. La importancia de la dopamina y sus receptores es que ambas son claves para el desarrollo cerebral, la memoria, el movimiento, el comportamiento y la cognición, entre otras funciones importantes.

Los cambios en el comportamiento que presentaban las crías llevaron a los investigadores a estudiar los espermatozoides de los machos expuestos a nicotina. En concreto estudiaron el ADN, estructura que contiene la información genética del progenitor y, como lo sospechaban, encontraron metilaciones, un tipo de modificación en el ADN que no altera la secuencia, pero que podría modificar como se expresan o se activan los genes. Todos estos datos eran consecuentes con los resultados obtenidos en las crías.

Estas modificaciones son explicadas por la epigenética, una disciplina que estudia los cambios que se producen en el ADN, específicamente la expresión o silenciamiento de ciertos genes y cómo esta información es influenciada por el ambiente. Lo interesante de este proceso es que puede ser afectado tanto por la genética como por el entorno, es decir, todo lo que considera nuestro estilo de vida, como la alimentación, actividad física, estrés, entre otros, tiene influencia sobre el ADN.

¿A qué se asemeja este proceso? Imaginemos un computador que tiene carpetas con información, donde cada carpeta correspondería a un gen. De esta manera, podemos ocultar los archivos para que no sean visibles y no podamos acceder a ellos, o de lo contrario, podemos permitir que esta información sea nuevamente accesible. En todo este esquema la información –visible o no– siempre estuvo allí. Los mecanismos epigenéticos funcionan de la misma manera: cada metilación oculta la información del gen, sin alterar toda la secuencia.

La investigación de McCarthy no solo se limitó a estudiar a las crías de primera generación, también analizó una segunda línea de descendientes. Y, sus resultados, no los dejaron de sorprender, ya que también estas ratas presentaron alteraciones en el comportamiento, comprobando que el estilo de vida del padre impacta hasta una segunda generación.

El estudio concluye que los cambios epigenéticos, asociados al consumo de nicotina, transmitidos por el padre a la descendencia (de primera y segunda generación), producen cambios en el comportamiento y la cognición, muy similar a trastornos de déficit atencional por hiperactividad, el más frecuente en niños. Cifras calculan que en Chile el 10 por ciento de los niños de edad escolar padecen este trastorno. A pesar que las causas de esto aún no han sido dilucidadas del todo, el estudio nos sugiere que nuestros hábitos pueden ser uno de los factores.

La investigación nos alerta que tanto hombres como mujeres debemos ser conscientes de nuestro estilo de vida, ya que trae repercusiones directas a nosotros mismos y también a nuestros hijos. Del mismo modo, nos plantea nuevos desafíos como sociedad, ¿cómo prepararnos para asumir una concepción, procreación y cuidado co-responsable, donde hombre y mujer asuman de igual manera un compromiso real con el hijo o hija que está por venir?, ¿qué podríamos aportar desde nuestro propio espacio de acción para crear conciencia sobre la importancia de este tema?

GLOSARIO:

Dopamina: es un neurotransmisor; es decir, una molécula que transmite información entre las diferentes neuronas del cerebro. Es muy importante para la actividad motora del organismo, entre otras funciones, como regular la motivación y el deseo, provocando la repetición de conductas que nos proporcionan placer.

¿Una infección intestinal puede provocar Parkinson?

Javier Cavieres

El año 1991 marcaría para siempre la vida de Michael J. Fox. El ídolo de la saga cinematográfica *Volver al futuro* y de la serie *Lazos familiares* recibió ese año la noticia de que a sus tempranos treinta años padecía de la enfermedad de Parkinson. Así el actor norteamericano pasó a engrosar la lista de celebridades que han visto afectadas sus carreras debido a este trastorno neurodegenerativo. El pintor Salvador Dalí, el boxeador Muhammad Ali y el actor Robin Williams padecieron de este mal en sus últimos años. La actriz británica Helen Mirren, ganadora del Oscar por *The Queen*, hizo público ese diagnóstico en 2018 y se dedicó a colaborar con una organización que promueve la investigación científica en torno a este problema. Lo mismo que ha hecho Michael J. Fox desde los años noventa.

El Parkinson afecta hoy en el mundo a cerca de siete millones de personas; en Chile esa cifra asciende a 40 mil, según datos del Ministerio de Salud. En la actualidad, son cientos las investigaciones científicas que buscan entender su origen y encontrar un tratamiento definitivo. Hasta ahora se sabe que los pacientes con Parkinson tienen una alteración que provoca la muerte neuronal en la "sustancia nigra", una estructura del cerebro que se ubica en el mesencéfalo y que se relaciona con el control del movimiento, la conciencia, el estado de alerta y algunos sentidos.

En 1817, el médico James Parkinson describió por primera vez esta enfermedad en seis pacientes que padecían "parálisis temblorosa" en alguna de sus extremidades superiores. Décadas después se incluyeron como parte de sus síntomas la ansiedad, la depresión y las alteraciones en el aprendizaje y en la memoria. Hoy se conoce que estos síntomas se explican por una masiva muerte de las neuronas que producen dopamina, el neurotransmisor asociado con la motivación y el control motor. De forma insospechada, diversas investigaciones de los últimos años indican que el intestino tendría un rol fundamental en la muerte de estas neuronas. De este modo, un cambio en la población bacteriana que coloniza nuestro intestino sería una condición favorable para el inicio de la enfermedad.

Una publicación en la revista *Nature* agrega una nueva arista con la propuesta de que la comunicación cerebro-intestino es clave en el desarrollo del Parkinson. En 2019, un trabajo liderado por Michael Desjardins, de la Universidad de Montreal, en Canadá, demostró que ratones genéticamente modificados para ser propensos a desarrollar la enfermedad presentaban los síntomas característicos cuando eran expuestos a una infección intestinal.

En un comienzo, los científicos se interesaron en el estudio de una de las proteínas de las mitocondrias, la PINK1. Las mitocondrias son un tipo de compartimento dentro de las células, una especie de central eléctrica encargada de proveerla de energía para su funcionamiento. Cuando una de sus proteínas, la PINK1, presenta una mutación en ratones, se observan leves síntomas de la enfermedad. En los seres humanos, en cambio, los síntomas son mucho más claros. Pero los investigadores pensaron que esta alteración genética por sí sola no era suficiente para generar la patología, sino que requería de un factor adicional.

Este mismo laboratorio había trabajado con ratones que no presentaban la proteína PINK1, tras ser modificados genéticamente. Cuando estos animales eran infectados con una bacteria, ocurría que ciertas proteínas mitocondriales eran reconocidas y atacadas por el sistema inmune como un agente extraño; es decir, un mecanismo similar al que opera en las enfermedades autoinmunes. Debido a esto, los autores del trabajo se preguntaron si un mecanismo similar podría matar a las neuronas dopaminérgicas de la sustancia nigra y generar la enfermedad de Parkinson.

Para comprobar esta hipótesis, los ratones mutantes que no presentaban PINK1 se dividieron en dos grupos. Solo uno de ellos fue inoculado con una bacteria propia de los ratones, *Citrobacter rodentium*, que produce una infección intestinal. Tras una evaluación, se observó que solo en el grupo infectado las células del sistema inmune viajaban hasta el cerebro, reconocían proteínas mitocondriales en la superficie de la membrana de las neuronas y, en consecuencia, inducían su muerte celular. Luego, cuando infectaron ratones que expresaban PINK1 (es decir, que no tenían la mutación), las células del sistema inmune no migraban hasta el cerebro y no producían el fenómeno descrito con anterioridad. Esto demostró que ambas condiciones eran necesarias para generar este reclutamiento del sistema inmune: la mutación y la infección.

Más tarde, los científicos se propusieron determinar qué tipo de neuronas eran las afectadas por el sistema inmune. Para ello, utilizaron a ratones modificados genéticamente, cuyas células inmunológicas solo atacarían a las neuronas que portaran proteínas mitocondriales en su superficie. Luego, al aislar las neuronas de estos ratones en una placa, se descubrió que solo había muerte de las neuronas que producen la dopamina. Por último, los investigadores evaluaron si la infección intestinal conducía a alteraciones motoras en los ratones que no expresaban PINK1. Para ello, utilizaron la "prueba de la polea", que consiste en poner en posición invertida a un ratón en un mástil de 50 centímetros de alto y medir el tiempo que le toma girar a una posición adecuada y lograr descender. Esta prueba es crucial para evaluar los síntomas del Parkinson, ya que permite medir el control motor, una capacidad que depende del funcionamiento de las neuronas dopaminérgicas. Y se demostró que a los animales mutantes para PINK1 que eran inoculados con la bacteria intestinal les tomaba más tiempo girar en el mástil que a los que no habían sido infectados.

Si bien no propone una cura para el Parkinson, este hallazgo sugiere por primera vez que esta enfermedad podría tener un origen autoinmune. Además, presenta un modelo para caracterizar el inicio de esta patología y, eventualmente, llegar a ciertas aproximaciones terapéuticas. Podría pensarse que disminuir la probabilidad de infecciones intestinales y frenar la respuesta inmune podría ser relevante para detener el avance de la enfermedad en etapas tempranas. Como suele suceder con los procesos de investigación científica, este estudio fue realizado primero en ratones. En una siguiente etapa, será necesario llevarlo a seres humanos, para determinar si un mecanismo similar podría generar la patología en ellos.

Este trabajo complementa propuestas previas que indican que el normal funcionamiento del eje cerebro-intestino es relevante para evitar otras enfermedades neurodegenerativas, como el Alzheimer. La población bacteriana que coloniza nuestro intestino, así como las defensas de nuestro sistema inmunológico, son esenciales para regular, de algún modo, el normal funcionamiento de nuestro sistema nervioso. Al parecer, no todas las respuestas están en nuestras cabezas.

Los ojos biónicos se hacen realidad

Ronakarina Pires

Quienes fueron niños en los años setenta no podrán olvidar a Steve Austin, el astronauta y piloto que pierde un ojo, un brazo y las dos piernas tras sufrir un terrible accidente en un vuelo de prueba. El personaje interpretado por Lee Majors en la serie *El hombre de los seis millones de dólares* fue un éxito en la televisión estadounidense, a tal punto que llegó a tener cien episodios, emitidos en sucesivas temporadas desde 1974 a 1978. En Chile, el fenómeno no fue menor. Con el nombre de *El hombre nuclear*, la serie se emitía todas las tardes, en blanco y negro, a través de Televisión Nacional.

Tras el accidente, Steve Austin fue operado con una tecnología de punta y quedó listo para convertirse en un agente del Estado, con piernas, brazos y hasta un ojo cibernético, que le permitían cumplir misiones sobrehumanas. Es imposible olvidar el sonido y la música que acompañaban las acciones de este "hombre biónico", como correr (en cámara lenta) a una velocidad inimaginable o fijar su vista telescópica e infrarroja en un blanco lejano.

La idea de un cuerpo humano combinado con piezas mecánicas es de larga data. Unos 4 mil años antes de Cristo, los egipcios reemplazaron partes faltantes del cuerpo, como dedos de los pies, con piezas confeccionadas por ellos mismos. En los siglos siguientes se hizo común la posibilidad de reemplazar miembros faltantes con piezas sencillas, como las patas de palo o las manos de garfio, infaltables en los retratos de los antiguos piratas.

Este concepto dio un salto vertiginoso con Leonardo Da Vinci, el genio renacentista que en el siglo XV fue pionero con sus estudios de biomecánica y anatomía humana. En el siglo siguiente, el cirujano de guerra francés Ambroise Paré inventó diversas clases de prótesis, como la mano metálica, la prótesis de rodilla e incluso una nariz artificial. En 1690, el médico holandés Pieter Verduyn fabricó la primera pierna completa con una articulación rudimentaria en la rodilla.

Desde entonces, esta idea ha seguido evolucionando y se han perfeccionado los materiales de elaboración con el fin de que las partes de reemplazo sean cada vez más anatómicas y compatibles con el organismo humano. En los últimos años, la tecnología de impresión 3D ha empezado a contribuir con la biomecánica y la medicina. Los estudios se han enfocado principalmente en obtener tejidos y órganos funcionales, usando a modo de "tintas" materiales biológicos y células madre. El propósito es contar de manera oportuna con la "pieza" de reemplazo y que esta pueda acoplarse al organismo y funcionar como la original.

Sin embargo, la ciencia no solo ha tenido éxito con las extremidades, también ha anotado avances significativos con los ojos. Liderado por Michael Alphine, un equipo de Ingeniería Mecánica, de la Universidad de Minnesota, en Estados Unidos, diseñó una estructura con forma de ojo que fue impresa capa por capa a través de la tecnología 3D. Esta pieza demostró ser capaz de transformar la luz proveniente del medio externo en señales eléctricas que el cerebro pudo captar, tal como lo hacen los ojos.

En el ojo humano hay un tejido especializado en convertir la luz externa en impulsos eléctricos que viajan al cerebro donde son interpretados como información visual. Este tejido es conocido como retina y está formado por varias capas de células diferenciadas, donde cada una tiene una función especial. En la primera capa están los fotorreceptores, encargados de transformar la luz en una señal eléctrica. A continuación, estos se comunican con las neuronas bipolares que conducen las señales hacia las neuronas ganglionares, que tienen largas prolongaciones (axones) que en su conjunto forman el nervio óptico que llega hasta el cerebro.

En el estudio, los investigadores imprimieron detectores lumínicos similares a los fotorreceptores de la retina humana. Los materiales empleados permitieron la conducción eléctrica desde la capa externa del detector de luz hacia las capas internas que luego viajarán al cerebro, imitando el mecanismo del ojo humano.

Una fase crítica en el desarrollo de este diseño fue demostrar que el detector lumínico impreso en 3D era capaz de integrar imágenes avanzadas. Como primer paso, incorporaron los fotorreceptores en una película o membrana de polietileno, que es un material muy flexible y de buena consistencia, permitiendo así dar una forma esférica al nuevo ojo. Entonces, los investigadores estuvieron en condiciones de hacer una secuencia de pruebas para evaluar la viabilidad funcional de este ojo. Primero hicieron pruebas de voltaje y de conducción eléctrica; y por último, de funcionalidad, con el objetivo de determinar si el ojo biónico era capaz de distinguir distintas imágenes con nitidez.

Las pruebas mostraron que el constructo artificial tenía una buena conducción eléctrica y que la composición de los materiales era óptima para mantener su firmeza. Más importante aún, este ojo logró diferenciar con claridad la letra M y la letra O, y de distinguir un patrón de líneas blancas y negras paralelas entre sí. Estos resultados pudieron observarse a través de pruebas computacionales. Si bien se demostró que el desarrollo de este prototipo es completamente funcional, aún queda bastante camino por recorrer porque todavía no ha sido probado en humanos.

Esta prótesis es el inicio del uso de la impresión en 3D para devolver la vista a personas que ya no la tienen. La proyección hacia el futuro es mejorar el diseño de este prototipo ocular para que sea más eficiente con el fin de restablecer la calidad de vida de muchas personas que, por alguna enfermedad o un accidente, han perdido la vista. De esta manera, la tecnología está haciendo realidad, una vez más, una fantasía de la ciencia ficción. Por eso, si queremos saber qué avances nos depara el futuro, debemos ver qué nos dice la ciencia ficción en el presente.

La hormona que hace retroceder al deterioro cerebral

Hugo Almarza

En distintas culturas y épocas se repite el mito de la fuente de la eterna juventud. En la antigua Etiopía, según los relatos de Heródoto, había ancianos "de hasta 120 años de edad", quienes debían tal condición a una singular fuente de aguas cristalinas. Un mito similar circulaba, varios siglos después, entre los indígenas que poblaban el territorio que hoy es Puerto Rico y el estado de Florida. Según el cronista Antonio de Herrera y Tordesillas, no pocos conquistadores españoles examinaron sin éxito cada río, arroyo o laguna que encontraban a su paso en esa zona, donde la población originaria hablaba de que sus caciques hacían visitas regulares a esas milagrosas aguas. Tras esos baños, escribe el cronista español, un frágil anciano se renovaba tanto que podía reanudar "todos los ejercicios del hombre, tomar una nueva esposa y engendrar más hijos".

Son solo dos ejemplos de un mito alimentado por el mismo deseo: retener la juventud. El envejecimiento y la pérdida de facultades son procesos que atormentan a los seres humanos desde tiempos remotos. Y entre las cosas que más preocupan a quienes temen envejecer está el deterioro de las capacidades mentales o cognitivas que comienzan lentamente en la segunda mitad de la vida. Olvidar dónde dejamos las llaves, dónde estacionamos el auto o si apagamos o no el paso del gas en la cocina son algunas de las situaciones cotidianas a que nos llevará este lento pero imparable proceso. Ya nadie busca la fuente de la eterna juventud, pero muchas personas tienen puestos sus ojos en la ciencia con la esperanza de que encuentre un camino para retrasar lo inevitable.

Curiosamente, una sustancia desarrollada para tratar la diabetes está apareciendo como una herramienta capaz de detener el deterioro cognitivo causado por el envejecimiento. Se trata de la proinsulina, una molécula precursora de la insulina y que es sintetizada por las llamadas células beta en el páncreas. Un grupo de investigadores liderado por Rubén Corpas y Coral Sanfeliu, del Instituto de Investigaciones Biomédicas de Barcelona, en España, estudió el rol neuroprotector de la proinsulina y los resultados de su trabajo fueron publicados por la prestigiosa revista *Neuropharmacology*.

Estudios previos habían demostrado que la familia de la proinsulina y la insulina actúa como un factor protector de las neuronas y de los procesos de proliferación y diferenciación de células durante el desarrollo del sistema nervioso. Otros trabajos daban cuenta también de su acción neuroprotectora de las células de la retina, que sufren patologías como la retinosis pigmentosa, un mal neurodegenerativo que produce pérdida de la visión.

Para entender qué pasa con la proinsulina en el cerebro, el equipo de Corpas y Sanfeliu, en Barcelona, trabajó con un modelo de ratones de laboratorio que es ampliamente utilizado en el estudio de los trastornos neurodegenerativos y de envejecimiento prematuro. Se trata de los ratones SAMP8, que desarrollan patologías cerebrales relacionadas con la edad y la pérdida cognitiva. Primero, se demostró en ellos estas características a través de pruebas conductuales como el aprendizaje espacial, la memoria y el reconocimiento de objetos. También se incorporó al estudio un segundo grupo de ratones menos propenso al envejecimiento, llamados SAMR1.

Estos dos grupos fueron tratados con proinsulina humana, la que fue incorporada a su sangre a través de inyecciones musculares, durante el primer mes de vida. Medio año después, los investigadores observaron que las capacidades cognitivas, relacionadas con tareas de memoria espacial y de reconocimiento de objetos, eran muy similares en ambos tipos de ratones. Los SAMP8, que se caracterizan por un deterioro cognitivo prematuro, mostraron una mejora significativa en dichas capacidades y se pusieron casi al nivel de los SAMR1, menos propensos al envejecimiento.

Además, se observó que la proinsulina indujo la activación de mecanismos protectores en el hipocampo, zona del cerebro ubicada en el lóbulo intermedio y donde se consolidan las tareas relacionadas con el aprendizaje y la memoria espacial y episódica.

Todas estas evidencias dan paso a nuevas opciones que conduzcan a tratamientos o pruebas clínicas para combatir el deterioro cognitivo asociado a la senescencia o con la enfermedad de Alzheimer. Y, a la vez, entregan esperanza a muchas personas cuyo mayor temor frente al paso del tiempo es perder sus facultades y, poco a poco, su autonomía, sus recuerdos y su identidad. En tiempos en que nadie busca el elíxir de la vida ni la fuente de la juventud, sustancias como la proinsulina se vuelven prometedoras.

GLOSARIO:

Insulina: es una hormona que participa en la incorporación de glucosa en las células del organismo y cuya versión sintética es entregada diariamente a través de una inyección a las personas que padecen diabetes tipo 1.

Diabetes tipo 1: es una enfermedad de origen autoinmune, causada por la destrucción de las células Beta que producen insulina en el páncreas, lo que provoca que la glucosa no entre a las células y se acumule en la sangre. En su tratamiento, es fundamental la entrega al organismo de insulina sintética.

¿Cesárea o parto natural? Al cerebro no le da lo mismo

Adolfo Agurto

Se cree que el término cesárea viene del latín *caedere*, que significa cortar. Los registros históricos dan cuenta que ya se practicaba en la Antigua Roma como un intento por salvar la vida del feto tras la muerte de su madre. Hasta el siglo XVI se practicó únicamente como una intervención *post-mortem* hasta que en el año 1.500 el veterinario Jacob Nufer, especialista en la castración de cerdos, realizó con éxito esta operación a su esposa. La mujer llevaba varios días en trabajo de parto y, aunque estaba asistida por trece parteras, no pudo dar a luz a su bebé. Desde esa fecha y gracias al avance de la medicina que introdujo la asepsia quirúrgica, el uso de antibióticos y de las transfusiones de sangre, la cesárea se ha convertido en una alternativa médica para resguardar la vida del feto y la madre. No obstante, en los últimos años este procedimiento ha anotado un crecimiento explosivo que ha alertado al mundo de la ciencia, en especial por los efectos que podría tener sobre el desarrollo futuro del recién nacido.

En este sentido, la Organización Mundial de la Salud (OMS), recomendaba ya en 1985, que entre un 10 y un 15 por ciento en la tasa de cesárea era aceptable como una alternativa médica para disminuir la tasa de mortalidad de la madre y de su hijo. Datos recientes de la Organización de Naciones Unidas muestran que la región del mundo que tiene el mayor índice de cesáreas practicadas por nacimiento es Latinoamérica, con más de un 40 por ciento. Chile se ubica por sobre ese promedio ya que de acuerdo a estadísticas oficiales la tasa de este tipo de intervención se elevó al 42 por ciento en 2018.

Es claro que una cesárea puede salvar una vida, tanto del bebé como de su madre, pero no hay evidencia de que practicarla muestre beneficios en un caso de embarazo que no lo requiere.

¿Qué efectos tiene el tipo de parto sobre el desarrollo? Durante el parto natural, el feto nace a través del canal vaginal de su madre, y durante este trayecto, se ve expuesto a microorganismos que la madre posee y que resultan beneficiosos para su desarrollo. Además, durante el parto natural el feto también está expuesto a cambios hormonales y mecánicos que, se cree que preparan al feto para su supervivencia luego de nacer. Todos estos procesos no ocurren cuando el bebé nace por cesárea.

Se ha demostrado con anterioridad que los niños nacidos bajo esta modalidad tienen mayor riesgo de padecer diabetes tipo 2, asma, enfermedad celíaca y obesidad. Pero los científicos ahora también se preguntan, ¿qué cambios produce en nuestro cerebro este tipo de parto?

Los investigadores del Instituto de Neurociencia de la Universidad Estatal de Georgia, Estados Unidos, describen con sorpresa la poca atención que se ha puesto en el efecto de la cesárea sobre el desarrollo del cerebro, y decidieron descifrar este proceso. Sin embargo, el problema para estudiar sus efectos en humanos radica en el hecho de que estas cirugías son practicadas muchas veces en embarazos que ya tienen ciertas complicaciones, por lo que estos factores no permiten una observación científica clara. Por ello, el equipo liderado por la neurocientífica Alexandra Castillo-Ruiz se propuso evaluar las consecuencias de la cesárea en el desarrollo cerebral de ratones.

El periodo perinatal, el lapso de tiempo que antecede al nacimiento y finaliza justo después de nacer, tiene gran importancia para el desarrollo del cerebro del recién nacido. Durante esta fase, ocurre un proceso de muerte celular que perfecciona las conexiones neuronales que se estabilizan en ciclos posteriores. Este fenómeno sucede tanto en roedores como en humanos. En el caso de los ratones, ocurre durante la primera semana postnatal y elimina cerca del 50 por ciento de las neuronas generadas en un principio, por lo tanto, estudiar este proceso en el periodo perinatal es clave para entender cómo se va a ir desarrollando el cerebro.

Con el fin de obtener datos confiables, los científicos sincronizaron el parto natural con la cesárea para que ambas ocurrieran en la misma fecha y evitar así cualquier efecto temporal en las mediciones. Dado que el parto es un proceso estresante e inflamatorio para los tejidos del recién nacido, los análisis se enfocaron en estudiar el núcleo paraventricular, una región del hipotálamo que tiene una importancia central en el manejo del estrés.

Alexandra Castillo-Ruiz y sus colaboradores descubrieron que, en las neuronas del núcleo paraventricular, durante el periodo perinatal, la muerte neuronal era tres veces mayor en los partos por cesárea que en los ratones nacidos por parto natural. Con posterioridad, sin embargo, la muerte celular se estabilizó y fue similar en ambos casos. Cuando los investigadores se detuvieron a observar lo que pasaba en otras regiones del cerebro, vinculadas al manejo del estrés y la memoria, notaron un patrón similar, es decir, había una diferencia significativa en estadios iniciales perinatales para luego equipararse con valores similares en ambas condiciones, parto natural y cesárea.

También se constató que las células vasopresinérgicas, un tipo celular clave para el manejo del estrés en el núcleo paraventricular, eran menores en cantidad, en los ratones nacidos por cesárea.

Como parte de este estudio, el equipo de Castillo-Ruiz analizó con detención las vocalizaciones ultrasónicas de los ratones. Se trata de sonidos muy agudos de alrededor de 30 kHz, que el humano no alcanza a oír, y que los roedores emiten cuando son separados de sus madres. Los científicos revelaron que los ratones nacidos por cesárea emitían sonidos de menor amplitud que los nacidos por parto natural, lo que sugiere que la capacidad de comunicarse con la madre podría verse disminuida en esos casos.

Por último, los científicos midieron la ganancia de peso de los ratones en tres diferentes etapas del desarrollo perinatal, encontrando que, a los veintitrés días de edad, momento en el que los ratones ya no reciben leche de sus madres, el aumento de peso es mayor en los ratones nacidos por cesárea. Esto podría vincularse a un trastorno metabólico en animales nacidos por esta vía, aunque aún no se han obtenido evidencias sustanciales que profundicen en esta idea.

Esta investigación concluye que el parto por cesárea altera el desarrollo neonatal del cerebro en ratones y afecta el manejo del estrés a nivel neuronal, así como las habilidades comunicativas y el peso corporal. Futuros estudios podrán descifrar hasta qué punto esta cirugía puede alterar el desarrollo cerebral en humanos. Este trabajo, sin embargo, entrega un novedoso punto de vista que instala de nuevo a la cesárea bajo la lupa de quienes la cuestionan y que han advertido en los efectos negativos para la madre y para su hijo.

GLOSARIO:

Núcleo Paraventricular: Estructura formada por neuronas ubicadas en la porción central y anterior del hipotálamo. En este núcleo, hay células neuroendocrinas encargadas de producir hormonas como la vasopresina, la oxitocina y la hormona liberadora de hormona adrenocorticotropa.

Distintas versiones para un mismo olor

Antonia Cavieres

Su autobiografía publicada en 1986 maravilló al mundo. Temple Grandin, bióloga, zoóloga y profesora de la Universidad de Colorado, Estados Unidos, fue diagnosticada con un trastorno del espectro autista (TEA) cuando tenía cuatro años. Y por mucho tiempo se le consideró discapacitada. Sin embargo, con el paso de los años se ha convertido en una activista en la tarea de visibilizar las dificultades que enfrentan miles de personas como ella. En su libro *La manera en que yo lo veo*, despeja algunos misterios sobre el autismo y cuenta en primera persona la experiencia de vivir con este trastorno. En sus páginas relata que desde pequeña advirtió diferencias en la manera de percibir su entorno: las personas que la rodeaban eran invisibles y ningún sonido podía distraerla de sus obsesiones. Recuerda que actuaba como si fuese sorda, pero que, "cuando estaba en el mundo de la gente, era extremadamente sensible al ruido". Temple narra con mucha nitidez que en muchos momentos sintió que el perfume de su profesor olía tan fuerte que no podía concentrarse en su clase y que todo comenzaba a abrumarla. En esos tiempos, explica, no entendía que su manera de interpretar los estímulos fuese tan diferente y llegar a esa comprensión le tomó tiempo y trabajo.

El trastorno del espectro autista es una condición neurológica que comienza a manifestarse en la niñez temprana y que dura toda la vida. Aunque no se conoce con exactitud cuáles son sus causas, se sabe que es el resultado de una compleja interacción de factores genéticos y ambientales. Vivir con TEA significa tener dificultades para establecer una comunicación social efectiva, ya que las personas que lo tienen no pueden "leer" las señales emocionales que damos a toda hora. Incluso un gran porcentaje de personas con TEA tiene alteraciones en la percepción sensorial y, en especial, en la percepción olfatoria, sentido que por su relación directa con el sistema límbico, ligado a las emociones, podría cobrar relevancia en las relaciones sociales.

Es el camino que siguió un grupo de investigadores del Departamento de Neurobiología del Instituto Weizmann de la Ciencia de Rehovot en Israel, liderado por Yaara Endevelt-Shapira cuando se propuso investigar de qué manera las respuestas a las señales químicas de una persona del espectro autista son distintas a las de las personas con un desarrollo típico. En particular, este equipo se focalizó en los olores que se transmiten a través del sudor.

Las señales socioquímicas son una forma de comunicación basada en los olores, muy importante en los animales, en especial, entre los mamíferos. Se trata de sustancias químicas que un individuo puede liberar al aire (o en el agua) y son percibidas por otro, por lo general a través del olfato, quien puede reaccionar de manera favorable o no. Estas señales llevan información de la persona que las emite, entre ellas, estado emocional, nivel de agresividad y equilibrio, y pueden impactar subliminalmente en el otro sujeto. Un ejemplo de una señal de este tipo son las feromonas, sustancias que, al ser liberadas por un individuo, cumplen un rol social, como la atracción sexual.

A pesar de que los humanos hemos desarrollado un sistema de lenguaje complejo, seguimos siendo mamíferos y, por lo tanto, las señales químicas siguen siendo muy importantes para la comunicación. Por su naturaleza, es difícil darse cuenta de su efecto porque no podemos controlar en forma consciente las señales químicas que emitimos o saber si las personas con las que interactuamos las emiten.

El estudio del Instituto Weizmann se focalizó en estudiar el olor a sudor que, aunque no solemos darnos cuenta, es una señal social muy importante. Más interesante todavía es el hecho de que su composición cambia según el estado emocional de la persona. De esta manera, la transpiración producto de la actividad física es distinta a la del nerviosismo y, en las personas que reciben estas señales, esto también significa que las respuestas subconscientes serán diferentes dependiendo de cada situación.

En primer lugar, el equipo liderado por Endevelt-Shapira se preguntó si la capacidad de percibir estas señales olfatorias era la misma en personas con desarrollo típico que en personas con autismo. Ya que no existían estudios previos, era muy importante establecer las similitudes entre ambos grupos, para así interpretar las diferencias con mayor precisión. En esta etapa de la investigación, no se encontraron variaciones significativas, concluyendo que los voluntarios con TEA pueden percibir los olores de la misma forma que las personas con desarrollo típico.

La siguiente interrogante fue doble. Por una parte, los investigadores se cuestionaron de qué manera las señales socioquímicas afectan las respuestas autónomas o involuntarias de las personas y, por otra, cómo impactan sobre el comportamiento (que es una respuesta voluntaria) de las personas con y sin TEA. Para responder estas preguntas, el equipo investigador recogió el sudor de un grupo de alumnos de paracaidismo (olor miedo) y el sudor de otro grupo de control que estaba haciendo ejercicio. Durante la exposición a estos olores se midieron los cambios que se producían como consecuencia, tanto en el ritmo cardíaco como en el flujo de aire nasal, además de medir cuánto sudor ellos mismos producían. Al comparar las respuestas entre los grupos (sudor de ejercicio, sudor de miedo, personas con TEA y con desarrollo típico) no se encontraron diferencias significativas.

Para responder la segunda pregunta, que se refería a las diferencias en el comportamiento frente a un estímulo de miedo, los investigadores mostraron toda su creatividad. Instalaron un par de maniquíes que podían emitir olores –uno de miedo y otro de ejercicio– y, al mismo tiempo, daban a los participantes diferentes tareas a realizar. Estas tareas fueron pensadas para evaluar cuál era el nivel de confianza que los voluntarios tenían en los maniquíes y aquí se advirtieron diferencias. El grupo de voluntarios con TEA siguió al pie de la letra las indicaciones del maniquí que emitía el olor a miedo, por lo que demostró que no confió en las instrucciones que le daba el otro. Por otra parte, el grupo de desarrollo típico confió en el maniquí que emitía el olor del sudor de ejercicio, considerado neutral. En paralelo, se midió igualmente la cantidad de sudor generado en respuesta al estímulo, ritmo cardiaco y flujo de aire nasal. Con esto concluyeron que en las personas con desarrollo típico el olor de miedo los alteraba en un nivel subconsciente, pero no observaron esto en el grupo con TEA.

¿Qué nos dice este estudio? Los hallazgos indican que las personas con autismo tienen la misma capacidad que las con desarrollo típico de recibir las señales químicas sociales, pero tienen dificultades al interpretar el significado social de un olor. Esto es importante porque al ser algo inconsciente, no se puede modificar con los tratamientos que sirven para los problemas de socialización o lenguaje.

De todas maneras, estos resultados tienen que ser interpretados con cuidado, y puesto que el estudio se hizo en su mayoría en hombres, podrían ser solo válidos para ellos. Faltan más estudios en el futuro que puedan llenar estos espacios vacíos en la investigación.

También nos plantea una serie de preguntas sobre lo poco que conocemos de la comunicación no verbal. Por ejemplo, no solo importa las cosas que decimos, sino cómo lo hacemos, cómo ocupamos el tono de voz y la postura corporal.

Es importante destacar que mientras la ciencia busca respuestas para que las personas con autismo tengan una mejor calidad de vida, como sociedad también podemos ayudarlos con un poco de paciencia y comprensión.

Cerebros con Alzheimer pueden regenerar neuronas

Scarlett Delgado

En 1989, cuando aún era presidente de los Estados Unidos, Ronald Reagan recibió su primer diagnóstico de Alzheimer. Al menos así lo señala su hijo menor, Ron Reagan, en su libro *Mi padre con 100 años: una memoria.* Allí relata también que él advirtió las primeras señales de que algo andaba mal con su padre en 1984, durante la campaña para su segundo mandato, algo que sus asesores han negado tajantemente. Sin embargo, Ron insiste en que hoy se sabe que los cambios neurológicos asociados a esta enfermedad pueden manifestarse "años e incluso décadas" antes de que empiecen los síntomas que permiten hacer el diagnóstico.

El Alzheimer es un mal que suele aquejar a las personas después de los 65 años y se caracteriza porque afecta la memoria hasta un punto en que los pacientes llegan a olvidar su identidad y su historia personal, y ya no pueden llevar una vida independiente. Aún no se conoce su origen y nadie está libre de la posibilidad de contraerlo. Ni siquiera el hombre más poderoso del mundo. De ser cierta la versión del menor de los Reagan, el ex presidente de ese país, fallecido en 2004, vivió los últimos años de su segundo mandato, que inició a los 73, sufriendo las primeras señales de este trastorno, cuyo diagnóstico no se hizo público sino hasta 1993. "Se me hundía el alma al verle luchar para dar respuestas, perdido en sus notas, sin saber qué decir", confesó Ron en su libro.

Numerosas investigaciones han confirmado que esta enfermedad se produce por un tipo de proteína que se acumula en el cerebro, la beta amiloide, dificultando la transmisión de información de una neurona a otra. Sin embargo, no es lo único que se ve afectado. En abril de 2019, un grupo de científicos liderado por María Llorens Martin, de la Universidad Autónoma de Madrid (España), publicó un artículo en la revista *Nature Medicine*, en el que se evalúa la relación entre el avance del Alzheimer y la reducción de la capacidad de generar nuevas neuronas en el hipocampo, zona del cerebro ubicada al interior del lóbulo temporal y que está relacionada con nuestra memoria de largo plazo.

La neurogénesis es la capacidad que tienen los cerebros a lo largo de la vida de dar origen a nuevas neuronas, las que pasan a ser funcionales en los distintos circuitos cerebrales durante la adultez, ya sea en personas o en animales. Este proceso depende de grupos de células ubicados en lugares específicos del cerebro, las que aún no se han diferenciado o especializado en una función determinada. Numerosos estudios sobre esta materia se han hecho en los últimos años, pues en esta posibilidad de regeneración del cerebro está puesta la esperanza de recuperar su funcionalidad, amenazada por la vejez y las enfermedades neurodegenerativas.

En 2018, dos importantes publicaciones entraron de lleno al debate al discrepar sobre la idea de que la neurogénesis adulta se mantiene en los humanos durante toda la vida. Por un lado, el neurobiólogo mexicano Arturo Álvarez-Buylla, de la Universidad de California, en San Francisco (EE.UU.), publicó en la revista *Nature* que la neurogénesis adulta era casi inexistente en primates (grupo al que pertenecen los humanos); y, al mes siguiente, un equipo de la Universidad de Columbia (Nueva York), liderado por J. John Mann, publicó la conclusión de que la neurogénesis se mantenía en los humanos a lo largo de toda la vida, en la parte anterior del giro dentado, zona del cerebro que, junto al hipocampo, compone la "formación hipocampal".

En abril de 2019, la publicación del grupo de María Llorens-Martin, en Barcelona, reafirmó la conclusión del equipo de Columbia. El trabajo de los catalanes, publicado en *Nature Medicine*, estudió la enfermedad de Alzheimer en relación con la capacidad neurogénica en el hipocampo y demostró que aun en fases tardías de la enfermedad era posible encontrar estas células "madre" o "neurogénicas" en el cerebro. En la publicación se observó que aun en las etapas avanzadas de Alzheimer y cuando hay un mayor deterioro cognitivo, es posible encontrar estas células, las cuales se ven reducidas en número, sin desaparecer del todo.

Los autores también estudiaron la capacidad de generar nuevas neuronas en las personas sanas y detectaron que el número de "células madre" del cerebro decae progresivamente a partir de los cuarenta años. Pero descubrieron que en los pacientes con Alzheimer esto no es así; en ellos, más que la edad del paciente, lo importante es la velocidad con que progresa la enfermedad. Los investigadores clasificaron a los pacientes de acuerdo a su nivel de deterioro y observaron que a un mismo nivel de daño había un número similar de células neurogénicas.

El trabajo utilizó una amplia gama de pruebas para estudiar la neurogénesis adulta en humanos y en ellas encontraron que las células madre del cerebro tienen una identidad o patrón molecular de expresión similar al encontrado en otros animales. Y también que la forma en que estas células madre se diferencian de una neurona madura y funcional es idéntica a la encontrada previamente en modelos animales.

Esta publicación contribuye a despejar las dudas en torno a la neurogénesis adulta en seres humanos. Y a la vez entrega pistas sobre cómo se ve afectada por una enfermedad neurodegenerativa como el Alzheimer. Así, hoy podemos hablar de que una de las causas de la demencia en algunos pacientes podría estar asociada a una pérdida aguda y progresiva de los procesos regenerativos del cerebro, convirtiéndose en un nuevo factor a estudiar.

La neurogénesis adulta ofrece una posibilidad de regeneración del cerebro, lo que trae esperanzas a los seres humanos en tiempos en que sus vidas se alargan cada vez más gracias a los avances de la ciencia. Por eso mismo, los trastornos neurodegenerativos, como la enfermedad de Alzheimer, son los que están cobrando mayor relevancia en el mundo y se hace imperativo saber más para poder enfrentarlos.

GLOSARIO:

Hipocampo: está ubicado en la parte interior de cada lóbulo temporal. Entre sus principales funciones está el consolidar los procesos de las memorias espacial y episódica, y del aprendizaje y las emociones.

Giro dentado: es una circunvolución de la corteza cerebral ubicada en la parte inferior del lóbulo temporal del encéfalo. Es parte de la llamada "formación hipocampal" y ejerce de puente entre la corteza entorrinal y el hipocampo. Como este último, también cumple un papel en el procesamiento de la memoria espacial y episódica.

Demencia y COVID-19: una relación peligrosa

Jesús Olivares

No podemos decir que no lo vimos venir. Científicos en todo el mundo llevaban años advirtiendo sobre el riesgo de que surgiera una enfermedad desconocida que pudiera convertirse en pandemia. En tanto, en la industria del entretenimiento, la televisión y el cine nos colmaron de series y películas sobre posibles apocalipsis zombis o epidemias provocadas por microorganismos experimentales, con soluciones desconocidas y consecuencias devastadoras. Era solo cuestión de tiempo. Y así, mientras en el mercado de un poblado de China se incubaba lo que sería una de las pandemias más devastadoras de los últimos tiempos, nuestro planeta seguía girando sobre su eje, sin saber que estaba en la cuenta regresiva, contando las vueltas que faltaban hasta alcanzar el desastre.

Del mismo modo, las manifestaciones neurológicas de la enfermedad comenzaron a interesar a la comunidad científica. Como parte de esta línea de trabajo un equipo de la Escuela de Medicina de la Universidad de Exeter de Reino Unido, liderado por David Melzer, se propuso estudiar una posible relación entre la enfermedad COVID-19 y la demencia. En un artículo publicado en mayo de 2020 en la revista *The Journal of Gerontology*, consignan que hubo una alta prevalencia de casos severos de COVID-19 en pacientes que presentaban síntomas de alteración de conciencia. Pero no es todo. Los autores de este estudio descubrieron que la demencia se presentaba junto al COVID-19 asociada con una alta mortalidad. Los pacientes COVID-19 positivos con deterioro cognitivo manifestaban, de igual manera, alteración de conciencia, incluyendo delirios, lo que se ha observado de manera regular en estos casos.

Melzer y sus colaboradores utilizaron los datos del Biobanco de Reino Unido, un recurso único en su tipo que reúne información genética de cerca de 500 mil voluntarios de entre 48 y 86 años. Con estos datos centraron su análisis en un gen específico, el ApoE. Este gen contiene la información para producir apolipoproteína E, un tipo de proteína que es clave para transportar grasas –como el colesterol– a través de la sangre.

A partir de la información del gen ApoE, en nuestras células se pueden producir tres tipos de proteína (E2, E3, E4), dependiendo de la versión del gen que se tenga. Solo la versión E3 de la proteína es funcional, mientras que las personas que producen las versiones E2 y E4, presentan apolipoproteínas E disfuncionales, lo que trae consigo alteraciones en el metabolismo del colesterol y las grasas. Además, se ha observado que existe una relación entre la proteína versión E4 con la presencia de demencia y delirios en quienes la producen, y desde los años noventa existen fundamentos para vincular esta proteína con la enfermedad de Alzheimer.

En primer lugar, el equipo de investigadores aisló los casos que participarían en el estudio y determinaron los diferentes porcentajes en los que se podían encontrar las tres versiones de esta proteína dentro de este grupo, llegando a determinar que la versión más frecuente en el grupo de estudio era E3 (69 por ciento) y la versión menos frecuente era la E4 (3 por ciento).

Lo siguiente fue cruzar estos datos con quienes resultaron COVID-positivos en el momento crítico de la pandemia en Europa. ¿Qué resultados obtuvieron? De todas las personas analizadas, 37 tenían la versión del gen para producir la proteína E4 y eran COVID-positivos al mismo tiempo, lo que indica una tasa de positividad de 410 de cada 100 mil personas COVID-positivos. Al comparar la tasa de positividad de la versión E4 con la de la versión de la proteína más común, la E3, se observó que esta última era menor presentándose en 179 de cada 100 mil habitantes COVID-positivos. En otras palabras, las personas que producen la proteína E4 son mucho más propensas a ser positivas para COVID-19 que las personas que producen la proteína E3.

La asociación anteriormente establecida siguió la misma tendencia cuando los investigadores sacaron de los análisis a las personas con enfermedades asociadas a la presencia de la apolipoproteína E4 disfuncional, que también estaban ligadas a COVID-19, tales como demencia, hipertensión, enfermedades coronarias y diabetes tipo 2, dando a entender de esta manera que basta que la persona produzca las proteínas E4 disfuncionales para que el riesgo de severidad al adquirir COVID-19 sea mayor, independiente de la presencia de otras enfermedades relacionadas.

¿Cómo se vincula este gen con COVID-19? La relación biológica entre ApoE E4 y COVID-19 todavía no es clara, pero se podría inferir que producir esta versión de la proteína, podría aumentar la posibilidad de ingreso del virus al cuerpo, en especial, en tejidos donde este gen sea más activo. Se ha descrito que el SARS-CoV-2, virus responsable de producir COVID-19, ingresa a las células a través de una molécula de membrana llamada receptor ACE2, la que se produce en diversos tejidos como los alveolos pulmonares, los que son una posible vía de ingreso del virus de COVID-19 a nuestro cuerpo. En este tejido también está altamente expresado (activado) el gen ApoE, lo que podría sugerir una relación entre este gen y el receptor ACE2 utilizado por el virus. Sin embargo, aún faltan estudios para entender de manera global esta posible relación y los mecanismos de acción por medio de los cuales podría aumentar la probabilidad de infección.

Una de las cosas interesantes de este estudio es que, si bien establece que la producción de la versión disfuncional de la apolipoproteína E es un factor común entre demencia y COVID-19, al parecer no sería necesario presentar el diagnóstico del trastorno mental, y el solo hecho de tener genes que se relacionan con el mal funcionamiento de la apolipoproteína sería suficiente para aumentar su severidad en caso de contraer la enfermedad. Así, aunque la versión no funcional de la proteína guarda una relación estrecha con la demencia, y en especial con la enfermedad de Alzheimer, esta relación no es exclusiva y nos recuerda que la cantidad de funciones y patologías que es posible relacionar a un solo gen, pueden ser múltiples. No hay recomendación que sirva frente a una característica con la que alrededor de un tres por ciento de la población con ancestros europeos podría nacer. Tampoco se hacen análisis genéticos masivos en la actualidad que permitan saber si eres portador de este genotipo, solo nos resta mantener el distanciamiento físico y las medidas de higiene como únicas medidas probadas para evitar el contagio en esta historia que se está escribiendo.

Dientes y papilas gustativas tendrían origen común

Kiyoko Suzuki

Son los favoritos de los fanáticos de los acuarios. Los peces cíclidos del extenso lago Malawi ubicado en África Central encantan a los seguidores de la acuariofilia por sus colores y sus formas, pero también a biólogos y naturalistas. Los cíclidos son otro ejemplo de las maravillas de la evolución ya que solo han demorado 500 mil años en formar miles de nuevas especies difíciles de precisar con exactitud. Se trata de la radiación adaptativa, un fenómeno que describe la rápida evolución de especies que partieron de un ancestro común. Pero estos peces africanos de agua dulce tienen otras particularidades; no tienen lengua como los humanos y sus dientes se mezclan con las papilas gustativas, otra característica que ha interesado a los científicos.

Ryan Bloomquist del Instituto de Tecnología de Georgia, de Estados Unidos, y Paul Sharpe de la Universidad King's College de Londres, Gran Bretaña, se detuvieron a investigar precisamente en este detalle de los peces cíclidos. En una reciente investigación publicada en la revista *Proceedings of the National Academy of Sciences* (PNAS), comprobaron que los genes vinculados al origen de dientes y papilas gustativas son compartidos.

Por lo general, estos órganos se estudian de forma independiente debido a su ubicación anatómica separada en los mamíferos, dientes en los huesos maxilares y papilas gustativas en la lengua. Sin embargo, en muchos animales acuáticos como los peces óseos, los dientes y las papilas gustativas se localizan uno al lado del otro.

Sacando partido a esta característica, el equipo de investigadores estudió en peces y ratones (mamíferos), a través de la identificación de secuencias de ADN, los genes responsables de aumentar la densidad de dientes y de papilas, y los genes que diferencian a estos órganos. Los investigadores pudieron determinar que las vías genéticas son sorprendentemente consistentes entre peces y mamíferos, a pesar de que dientes y papilas gustativas tienen diferentes propósitos y anatomía.

De esta manera, Bloomquist y Sharpe lograron demostrar un caso especial de conservación en el desarrollo evolutivo, en el que la función y la señalización de genes reguladores independientes –para hacer dientes en el margen de la mandíbula de los mamíferos y papilas gustativas en la lengua– pueden ser remanentes evolutivos de un circuito genético único que evolucionó durante mucho tiempo.

El hecho de que los dientes tengan una señalización genética compartida con las papilas gustativas, y que por tanto sean estructuras homólogas, valida la concepción del diente como un órgano sensorial, lo que constituye un nuevo paradigma para entenderlos y valorarlos.

¿Qué es un órgano sensorial? Es un órgano que tiene la capacidad para traducir, codificar y percibir información generada por los estímulos que se originan en el medio ambiente externo e interno. Está conformado por células altamente especializadas denominadas receptores que convierten la energía asociada a las fuerzas mecánicas, luz, ondas sonoras, sustancias químicas, etc. en señales nerviosas que transmiten información acerca del estímulo al cerebro.

La importancia de valorar el diente como un órgano sensorial radica en comprender su capacidad nociceptiva, ya que puede percibir estímulos externos, traducirlos a sensaciones y respuestas de defensa ante posibles daños. Esto sin dudas tiene repercusiones a la hora de abordar su diagnóstico y de definir qué tratamientos y qué estrategias son los más adecuados. Teniendo esto en cuenta, la evidencia actual apunta a tratamientos que aseguren un apropiado manejo del dolor y terapias que promuevan la preservación del diente.

En la lengua, en tanto, las papilas gustativas son estructuras conformadas por células especializadas que envían información sobre el sabor al cerebro. Son los principales promotores del sentido del gusto, permitiéndonos identificar los alimentos y determinar sus cualidades (agradable, desagradable o potencialmente dañino), es por esto que las papilas gustativas constituyen también otro ejemplo de órgano sensorial.

Durante el trabajo con estos pequeños peces africanos, los científicos se asombraron con la enorme plasticidad del proceso de desarrollo de dientes y papilas gustativas. Al descubrir que las estructuras responsables del nacimiento de nuevos dientes pueden permanecer activas más tiempo de lo que se creía, esperan centrar sus esfuerzos en poder activar este mismo mecanismo en humanos.

GLOSARIO:

Nocicepción: es el proceso neuronal mediante el cual se codifican y procesan los estímulos de carácter químico, mecánico o térmico que pueden ser perjudiciales o dañinos para los tejidos. Este proceso activa diversas respuestas autónomas que conducen a la experiencia del dolor en los seres vivos que tienen un sistema nervioso.

Secuenciación ADN: la secuenciación del ADN significa determinar el orden de los cuatro componentes básicos químicos, llamados "bases", que forman la molécula de ADN. La secuencia les informa a los científicos la clase de información genética que se transporta en un segmento específico de ADN.

Transducción: es el proceso por medio del cual las células toman un estímulo o una señal del medio externo (fuera de la célula) y lo transforman en una respuesta o una señal distinta y específica.

CAPÍTULO V
Ojos vemos, corazones no sabemos

"El poeta es un fingidor.
Finge tan completamente
que llega a fingir que es dolor
el dolor que de veras siente".

Fernando Pessoa. *Obra poética*. "Autopsicografía"

La magia de la música triste

Adolfo Agurto

Spotify anunció en 2018 los resultados de un estudio que eligió las cinco canciones más tristes de la historia reciente. A través de un algoritmo, se analizaron las 35 millones de pistas musicales que ofrece esta plataforma de música por internet y finalmente se seleccionaron los cinco temas grabados, desde 1958 hasta hoy, que provocan más nostalgia y melancolía. En primer lugar se eligió a "The first time ever I saw your face", de Roberta Flack; la siguieron "Three times a lady", de Commodores, y "Are you lonesome tonight?", de Elvis Presley. La elección provocó polémica. Muchos echaron de menos "Everybody hurts", de R.E.M., considerada una de las más bellas del cuarteto estadounidense; o "Love of my life", de Queen; ¿y por qué no "Without you" en la versión de Harry Nilsson? La lista de reclamos fue interminable y muchos se preguntaron si una máquina podría detectar algo tan subjetivo y personal como la tristeza que provoca una canción.

Cada persona puede tener su propia lista de las composiciones que le inspiran más emociones. Las canciones tristes pueden propiciar un estado de introspección e incluso permitir a las personas "transportarse en el tiempo", situación que no suele darse igual con los temas más alegres. Lo mismo ocurre en el campo de la música clásica. Una pieza como "Air", de la suite N°3 de J.S. Bach puede despertar paz, éxtasis, tristeza y calma a la vez, una mezcla de emociones difícil de describir. El efecto de la música sobre la actividad cognitiva, los pensamientos y lo que imaginamos al escuchar una canción es un mundo fascinante que la neurociencia está comenzando a investigar y que ya está obteniendo algunas respuestas.

Un estudio realizado por científicos de la Universidad Libre de Berlín, en Alemania, mostró que la música triste genera patrones de actividad y pensamientos introspectivos en el cerebro, los que pueden potenciar capacidades para la resolución de problemas, para la creatividad e incluso para combatir enfermedades como la depresión. Liderados por Liila Taruffi, los investigadores convocaron a 216 voluntarios, hombres y mujeres, para ser parte de este análisis. Con los ojos cerrados, los participantes escucharon extractos musicales, desconocidos para ellos, de solo 30 segundos y que evocaban alegría o tristeza. Tras escuchar cada pieza, debían responder qué nivel de divagación y qué tipo de pensamientos habían tenido al escuchar la música.

"¿Dónde estaba tu atención justo después de que la música se detuvo?" fue una de las preguntas formuladas a los participantes, quienes tuvieron que elegir una opción dentro de una escala con valores desde uno (mi atención estaba solo en la música) hasta siete (nada de atención en la música). Además, debían evaluar qué tanto les agradó cada extracto musical y responder otras interrogantes que permitían a los investigadores conocer el contenido de los pensamientos que había producido en ellos.

Se demostró, entonces, que el tipo de pensamientos dependía de si el participante había escuchado música alegre o triste, comprobando que esta última provocaba un mayor nivel de divagación mental entre los voluntarios. Palabras como "triste", "agua", "naturaleza", "amor" y "emoción" eran las más frecuentes en los reportes de personas que escucharon las melodías tristes, mientras que quienes oyeron piezas alegres repitieron los vocablos "feliz", "baile" y "verano". Debido a que las canciones tristes son a menudo más lentas que las alegres, en un comienzo se pensó que el efecto podría deberse a la velocidad en el ritmo de los temas musicales y no a su contenido. Sin embargo, en el experimento se probó que los efectos de la música sobre los pensamientos no dependían del *tempo* de una canción. Y se demostró también que las áreas cerebrales que trabajan en conjunto durante los procesos de divagación tenían una mayor actividad concertada cuando los participantes escuchaban música melancólica.

Los autores del trabajo sugieren que los estados cerebrales de divagación y de pensamiento introspectivo, que se propician al escuchar canciones tristes, permiten potenciar la creatividad y la resolución de problemas. Así, este tipo de música permitiría generar un ambiente apto para potenciar estos procesos y, de este modo, mejorar la calidad de vida tanto de personas sanas como de las que tienen alguna dolencia psiquiátrica.

La música triste es considerada melancólica, agridulce, emocional, pero al mismo tiempo, agradable. A quienes no les gusta suelen tildarla de depresiva, sentimental o aburrida. Sin embargo, los autores de este estudio concuerdan en que las piezas o canciones tristes no generan significativamente mayores pensamientos asociados a depresión en relación a las más alegres. Es poco probable que una pieza musical vaya a provocar un estado depresivo; por el contrario, ese tipo de música podría ayudar a combatirlo, ya que puede generar patrones de pensamientos y un ambiente cognitivo que potencian la capacidad para resolver problemas personales.

A esto se suma el que la música alegre produjo, en la mayoría de las personas que participaron de este experimento, reportes con palabras emotivas positivas; en cambio, la triste inspiró tanto palabras positivas como negativas, lo que puede verse como un espectro más completo y acorde con la realidad de la vida. Este tipo de música, que promueve la introspección, puede ayudar a enfrentar, aceptar e intentar superar las situaciones difíciles y dolorosas.

No hay que temerle a la música triste. Sin embargo, como señalan los autores del estudio, la divagación mental te lleva a dejar de lado las tareas presentes para concentrarse en los pensamientos introspectivos. Pero hay música para todos los gustos y para todos los momentos. Tan solo Spotify tiene 35 millones de piezas para elegir. Basta con presionar "play" y dejarse llevar por la magia de este misterioso regalo.

Bullying, el acoso físico y sicológico como antesala de la depresión

Tania Dib

El biólogo norteamericano Erik M. Andersen, acostumbrado a estudiar en terreno a los pájaros, fue testigo de una situación aterradora mientras paseaba en un bosque. Vio a una bandada de unos quince cuervos haciendo un ruido ensordecedor mientras atacaban a una víctima. Se acercó y vio que el atacado no era un depredador sino un ave de la misma especie de los agresores, un cuervo del noroeste. "Desde mi posición vi cómo diferentes miembros de la bandada tomaron turnos abalanzándose hasta donde la víctima había caído", relató Andersen en un artículo publicado por la revista *The Wilson Journal of Ornithology*. Observó la escena durante unos 30 minutos y finalmente pudo constatar que el pájaro que sufrió el ataque no solo murió, sino que su cavidad corporal quedó vacía. Los atacantes habían arrancado cada una de sus partes.

En la ornitología, esta situación recibe el nombre de "mobbing" y es un tema recurrente entre quienes estudian las aves. Este mismo concepto pasó después a la etología –estudio del comportamiento de los animales– y por último a la psicología, específicamente en el ámbito laboral. De ahí viene el término "bullying", acuñado por el psicólogo escandinavo Dan Olweus, de la Universidad de Bergen, en Noruega, a partir de estudios sistemáticos realizados desde los años setenta sobre el suicidio adolescente. Olweus descubrió que un denominador común en los jóvenes que se habían quitado la vida era haber sufrido agresiones verbales y psicológicas de parte de sus compañeros de escuela. Y apuntó tres características básicas de estas agresiones: eran intencionales, repetitivas y contemplaban un desbalance de poder. Les puso el nombre de "bullying" por su parecido con la palabra "mobbing" y por el término inglés "bull" que significa "toro", ya que este animal puede pasar por sobre otro sin contemplaciones.

Es común escuchar que existe un aumento en los casos de bullying, pero la verdad es que se trata de una conducta que ha existido siempre. Lo que no se puede desconocer, es que el alza en el uso de las redes sociales ha visibilizado este comportamiento. Este nuevo tipo de acoso que se hace a través de internet, llamado cyberbullying, es igualmente agresivo y repetitivo; pero la constante conexión de las personas a la web, especialmente de las más jóvenes, hace que sea más difícil escapar de él.

Múltiples investigaciones de las últimas décadas demuestran que los niños y jóvenes expuestos a este estrés social presentan tristeza, inestabilidad emocional y también una baja en su autoestima, vitalidad y bienestar psicológico en comparación a sus pares no afectados por este problema. Pero no es todo. Cada día existe mayor evidencia que apunta a señalar que las víctimas de bullying tienen mayores probabilidades de desarrollar enfermedades psiquiátricas como la depresión. Este trastorno del ánimo puede convertirse en una dolencia crónica e invalidante por la cual los años productivos de vida de una persona se reducen en forma drástica. Una de cada diez personas la padece en el mundo, aunque se cree que esta cifra podría duplicarse. En Chile, los trastornos depresivos afectan a un 7,5 por ciento de la población, y lo más alarmante es que son la causa de muerte más común entre las personas de 15 a 19 años.

Es por ello que es urgente estudiar y enfrentar el bullying, como uno de los desencadenantes de esta enfermedad en adolescentes. Varios grupos de científicos se han dedicado a entender las bases neurobiológicas, tanto de la depresión como del hostigamiento o el matonaje. Con ese objetivo, se han utilizado modelos animales para estudiar las consecuencias de este tipo de conducta, generadora de estrés social, en el funcionamiento del cerebro.

El bullying o sometimiento de un individuo más débil por uno o más agresores también puede observarse en animales de laboratorio. Un equipo de científicos liderado por Man Li, de la Universidad

Normal de Tianjin, en China, realizó un estudio en el que se usaron dos tipos de ratones, uno de carácter agresivo y otro pacífico. El protocolo del trabajo consistió en exponer a un roedor tranquilo frente a uno agresivo, pero los investigadores agregaron a un segundo ratón pacífico para que observara desde otra jaula lo que le sucedía a su compañero. Luego del protocolo, algunos de los ratones tranquilos que sufrieron las conductas agresivas fueron puestos en la misma jaula que sus hermanos pacíficos, mientras que a otros se los aisló en una jaula tras la experiencia del ataque.

Una vez concluidas estas pruebas, se observó que los roedores pacíficos expuestos a un agresor presentaban una baja de peso considerable en comparación con sus hermanos que nunca fueron expuestos a ese estrés. Por su parte, los que fueron puestos solos en sus jaulas después de la agresión mostraron menos sociabilidad y más efectos negativos que los que fueron llevados donde sus hermanos tras la agresión. Esto permite inferir que la compañía de los pares puede hacer más llevadera la situación de estrés social.

Los ratones que fueron expuestos a observar el bullying sufrido por sus hermanos también tuvieron una baja de peso, pero a diferencia de los que fueron víctimas, no disminuyeron su sociabilidad, lo que podría sugerir que los animales presentan algún grado de empatía frente a sus compañeros estresados. Todos estos resultados podrían extrapolarse a una situación humana, en la que los jóvenes o niños pueden ser testigos del maltrato sufrido por un compañero, sintiéndose mal por ello, pero sin sufrir los estragos a los que se expone la víctima.

Las graves consecuencias en la salud mental producidas por el maltrato pueden llevar a situaciones fatales. Por eso es tan importante seguir investigando este fenómeno que no solo se da en los seres humanos sino en distintas especies animales. Nosotros, al menos, tenemos la racionalidad y el conocimiento para intentar detenerlo antes de lamentar vidas truncadas o serias enfermedades psiquiátricas. A fin de cuentas, es la empatía o la capacidad de ponernos en el lugar de los otros lo que nos hace realmente humanos.

Niño estresado, ¿adulto depresivo?

Carlos Ancatén

Los llaman "Refugio seguro". Se trata de una especie de "buzón" instalado en un espacio público donde las madres pueden abandonar a sus hijos recién nacidos en condiciones de mayor seguridad. Las cajas están acondicionadas con un sistema para regular la temperatura y cuentan, además, con un sensor que alerta de manera silenciosa cuando un bebé es dejado en su interior para ser rescatado por los responsables de administrar estos refugios. Aunque han sido objeto de numerosas polémicas, se han multiplicado en una decena de países, entre ellos Alemania, Austria, Estados Unidos, Corea del Sur, Alemania, Pakistán, Polonia, Malasia, y Suiza. Las instituciones que están detrás de estos "Refugios seguros" defienden esta iniciativa, argumentando que en lo central se hace cargo del problema de los cientos de menores abandonados e intenta minimizar el impacto –físico y sicológico– que podría tener en su futuro como adulto.

No hay duda de que las experiencias vividas durante los primeros años parecen ser especialmente poderosas para condicionar el desarrollo posterior de los mamíferos. Especial atención se ha puesto en el cerebro, un órgano que está en un constante y progresivo cambio, por lo que la exposición a experiencias que pudiesen alterar el proceso de consolidación del sistema nervioso podría tener importantes consecuencias, incluso en etapas adultas.

Esta idea ha sido planteada por diferentes estudios que relevan la vulnerabilidad del cerebro durante la etapa neonatal e infantil. Un nuevo aporte en esta línea de trabajo profundiza en la relación entre situaciones estresantes vividas durante la etapa infantil y la edad adulta, con la alteración de un área del cerebro conocida como área tegmental ventral. Se trata de un grupo de neuronas que, entre otras funciones, cumple un papel crucial en el sistema de recompensa del cerebro, en la experimentación de situaciones placenteras y en las conductas adictivas. Una perturbación en el desarrollo de esta estructura podría conllevar la aparición de drogadicción o la tendencia a padecer trastornos depresivos en la adultez.

Ya desde el nacimiento, el recién nacido está expuesto a una amplia gama de posibles estresores, tales como un mal manejo intrahospitalario, la exposición a un ambiente hostil, la falta de contención materna o un déficit nutricional, entre otros.

Investigadores del Friedman Brain Institute de Nueva York y del Departamento del Cerebro y Ciencias Cognitivas del Massachusetts Institute of Technology (MIT), de Estados Unidos, evaluaron en un modelo animal las consecuencias de la exposición de dos situaciones estresantes en dos periodos distintos de la vida. En su laboratorio, el equipo liderado por Catherine J. Peña trabajó con ratones que fueron separados del cuidado de sus madres a los pocos días de vida, lo que representa una situación hostil para los recién nacidos. Como primera consecuencia de esta intervención, las crías presentaron una menor ganancia de peso en relación a ratones que fueron criados por sus madres. Por lo tanto, un primer hallazgo es que el sometimiento a una situación compleja durante la primera etapa de desarrollo podría traer consecuencias para el crecimiento físico.

Una vez que los ratones alcanzaron la etapa adulta, fueron sometidos de nuevo a un momento estresante; los pusieron dentro de una jaula donde ya existía un dueño de casa quien, como defensor de su territorio, se mostró agresivo y atacó al intruso en varios momentos. El visitante, en tanto, mostró una conducta de sometimiento y de miedo durante todo el experimento. Este mismo ratón –que ya había sido sometido a una situación difícil durante sus primeros días de vida– fue evaluado a través de diferentes métodos para comprobar si la exposición a dos situaciones estresantes en diferentes etapas de su vida tuvo repercusiones en su comportamiento y en el desarrollo de su cerebro.

El equipo de Peña se propuso observar el comportamiento de este roedor al interactuar con sus pares, pero esta vez en un ambiente sin agresividad. ¿Qué observaron? Los animales sometidos a episodios hostiles presentaron menor interacción con sus compañeros y prefirieron interactuar con objetos inanimados, lo que se considera como la expresión de un comportamiento depresivo.

En una segunda etapa del experimento, estos mismos ratones volvieron a mostrar señales de padecer una condición depresiva, ya que, enfrentados a la posibilidad de elegir entre beber agua o un líquido dulce, no mostraron una preferencia especial. Sin embargo, los roedores que no habían sido expuestos a momentos de estrés durante su desarrollo presentaban una clara preferencia por los alimentos más dulces, los que parecieran producir una experiencia más placentera en ellos.

En una tercera evaluación, el mismo grupo de animales en estudio fue colocado en un recipiente de agua en el que debían nadar para mantenerse a flote. Los científicos querían determinar cuál era el tiempo que el ratón luchaba para no hundirse, sin embargo, aquellas "ratas estresadas" mostraron mayores momentos de inmovilidad, lo que se interpreta como un estado de desesperanza y depresión.

En esta etapa, el experimento midió su grado de ansiedad. Los roedores fueron instalados en una caja que tenía un espacio de mayor luminosidad en el centro. En este caso, los ratones que fueron sometidos a la doble exposición de situaciones complejas mostraron más signos de ansiedad, evitaron esta área y prefirieron ubicarse más cerca de las paredes, en las zonas menos iluminadas de la caja.

Pero el experimento no terminó aquí. Los investigadores evaluaron la relación entre estas alteraciones conductuales y un posible cambio genético en el cerebro de estos animales. En concreto descubrieron que el gen OTX2, que comanda el desarrollo del área tegmental ventral –el principal eslabón del denominado circuito de recompensa del cerebro–, se presentaba en menor cantidad en el grupo de roedores que vivieron situaciones hostiles durante la vida temprana y en la etapa adulta.

Por último y para corroborar que ese gen alterado era el involucrado en las tendencias depresivas y ansiosas en los animales estudiados, los investigadores aumentaron experimentalmente su presencia y observaron que podían recuperar un comportamiento similar al grupo que había sido criado sin experiencias estresantes, es decir, se revirtieron los comportamientos angustiosos.

Este estudio entrega importantes luces para entender de qué forma las experiencias tempranas pueden modificar un área específica del cerebro encargada de procesar el placer, en especial, si otras situaciones estresantes se repiten en etapas posteriores de la vida. Dichas alteraciones podrían llevar a la aparición de conductas depresivas y ansiosas, las que han sido relacionadas a adicciones y abuso de drogas. Del mismo modo, estos resultados entregarían indicios sobre lo decisivo que podría resultar en algunas personas haber vivido en un ambiente hostil durante su infancia, crecer en condiciones socioeconómicas desfavorables o, en otros casos, vivir los primeros años en centros institucionales separados de sus familias.

Debido a esto, se debe recalcar el valor de proteger y mejorar la calidad de vida de niños que experimentan estresores durante la infancia, procurando que no les falte contención física, emocional y socioeconómica, lo que debería ser prioridad para el Estado y para las instituciones que de él dependen, y así evitar lo que podría ser un designio biológico programado. Después de todo, muchos pensamos que un país que no protege a sus niños es un país sin futuro.

GLOSARIO

Área tegmental ventral: es un grupo de neuronas que se encuentran en el cerebro medio y que juega un rol muy importante en el sistema de recompensa del cerebro, participando en procesos como la motivación, la cognición, la dependencia de drogas y la sensación de placer.

La importancia de un plan B

Adolfo Agurto

Cuando tenemos hambre y asaltamos el refrigerador, o si tenemos frío y nos arropamos con nuestro chal favorito, sentimos inmediato alivio y placer. Es la recompensa que nos da el cerebro por haber escuchado sus señales, que nos llevan a realizar una acción para satisfacer una necesidad de nuestro organismo. Cuando una de estas conductas se completa exitosamente, se libera un neurotransmisor llamado dopamina en regiones cerebrales involucradas en esa tarea y en las áreas asociadas al placer. Pero ¿qué ocurre cuando la recompensa no llega? ¿Si el refrigerador estaba vacío o el chal en la ropa sucia? Como respuesta obvia, vamos a ir a comprar comida o vamos a hacer funcionar la lavadora. Por fortuna, nuestro cerebro no deja cabos sueltos y existe un área que trabaja con la falta de recompensas y ayuda a resolver estos problemas. Su nombre es habénula lateral o LHb por sus siglas en inglés.

Las neuronas de esta zona cerebral se activan por acontecimientos negativos inesperados o por la pérdida de una recompensa prevista. Un equipo de investigadores de la Universidad de California, en Estados Unidos, hizo pruebas con primates que estaban entrenados para recibir un jugo de frutas después de una señal visual. Pero cuando ocurría esa indicación y no llegaba el premio, de inmediato se activaba en sus cerebros la zona de la habénula lateral. Estudios como este han considerado a esta área, ubicada en la profundidad del cerebro, como una pieza clave en el llamado "circuito del desengaño".

En otra investigación, se enseñó a las ratas a pulsar una palanca para obtener su comida favorita y a apretar una segunda palanca para conseguir otra comida no tan apetecible para ellas. Como era de esperar, siempre apretaron la primera y no la segunda. Pero también se las entrenó para reconocer dos sonidos al pulsar las palancas, uno que se producía justo antes de salir la comida y otro que sonaba cuando la comida esperada no aparecía. Cuando ocurría esto último, las ratas aprendieron a no insistir en la palanca de su ración preferida y a intentarlo con la segunda que, si bien era menos apetitosa, al menos estaba disponible.

Este experimento muestra cómo los animales son capaces de buscar alternativas cuando se les niega su primera opción. Sin embargo, esta motivación para buscar una segunda alternativa no ocurre cuando la habénula lateral está inactivada. Por esta razón, esa zona del cerebro se considera muy importante para la adaptación a las circunstancias y la búsqueda de alternativas.

Otros estudios han mostrado también que el funcionamiento de esta área se ve afectado por el estrés. El investigador Michael Authement, de la Universidad de Ciencias de la Salud en Bethesda, Maryland, Estados Unidos, y su equipo de colaboradores descubrieron una hormona secretada bajo condiciones de estrés, llamada "factor de liberación de corticotropina" o CRF. Ellos probaron que, como parte de la respuesta fisiológica que provoca el estrés, la CRF aumenta la actividad eléctrica en varias zonas del cerebro, incluyendo la habénula lateral.

Authement y sus colaboradores querían ir más allá y saber qué ocurre a nivel neuronal en el cerebro cuando existe una situación de estrés y de qué manera impacta en etapas tempranas de la vida. Para ello, separaron a ratas bebés de sus madres por un día. Estas mismas ratas en edad adulta presentaron alteraciones en su función cerebral, ya que las neuronas de la habénula lateral no respondían a la hormona CRF. Es decir, la capacidad de la hormona liberadora de corticotropina de aumentar la actividad eléctrica de la habénula lateral, y así inducir la búsqueda de una solución, estaba atrofiada.

Este hallazgo abre preguntas sobre cómo el estrés temprano, la separación materna y el abandono pueden llegar a afectar los mecanismos cerebrales relacionados con la solución de problemas o la búsqueda de alternativas ante un evento adverso. ¿Qué ocurrirá en seres humanos que han vivido experiencias estresantes durante la infancia o que han sufrido abusos y abandono? Si el estrés temprano logra alterar el cerebro en desarrollo de los niños, particularmente en el área de la habénula lateral, es posible que ellos vean disminuida su capacidad de resiliencia para sobreponerse a las adversidades y buscar alternativas de solución. Es fundamental que los niños aprendan a buscar alternativas factibles cuando la opción inicial no ofrece los resultados esperados. Esto cobra importancia sobre todo en situaciones bajo presión, que requieren de la toma de decisiones rápidas para resolver un problema.

Esta capacidad del ser humano de adaptarse a las circunstancias adversas inesperadas y de idear un "plan B" se puso a prueba más que nunca en la pandemia por el coronavirus. ¿Cuántos estudiantes se preparaban para iniciar su vida universitaria en los campus que se cerraron de un día para otro en marzo de 2020? ¿Cuántos profesionales se alistaban para seguir estudios de postgrado en el extranjero? ¿Cuántos actores se preparaban para rodar una película o montar obras de teatro? ¿Cuántos músicos tenían preparadas giras nacionales o mundiales? Todos ellos tuvieron que reaccionar rápido y buscar alternativas a sus planes de vida. A unos les costó más que a otros.

La soledad, una amenaza para el desarrollo cerebral

Macarena Churruca

La adolescente Ana Frank estuvo más de dos años encerrada en una buhardilla del edificio donde estaba la oficina de su padre. Ella tenía 13 años cuando, en plena Segunda Guerra Mundial, debió ocultarse de la Gestapo junto a su familia tras la invasión de los nazis en Holanda. Los Frank eran judíos alemanes avecindados en Ámsterdam y su historia se conoció gracias al diario de vida que Ana escribió durante su encierro. En esas páginas rescatadas por el padre, el único sobreviviente de los campos de concentración, la joven expresó lo difícil que se hacía el confinamiento en esa etapa de su vida. Allí escribió, por ejemplo, un párrafo dedicado a su papá en el que intenta explicarle que su único escape era subir una pequeña escala al encuentro de Peter, un chico que también estaba oculto con su familia y que se convirtió en su íntimo amigo: "Si supieras lo mucho que he llorado por las noches, lo desesperanzada y desdichada que he sido, lo sola que me he sentido, comprenderías por qué quiero ir arriba". Ana siguió viendo a Peter, pese a la prohibición paterna. Nada pudo detenerla porque para ella era una necesidad vital.

En la adolescencia, el contacto con los pares se convierte en un imperativo. Para los jóvenes, compartir con la gente de su edad es fundamental en su desarrollo. Por eso, durante los meses de encierro provocados por la pandemia de Covid-19, uno de los grupos más afectados han sido los adolescentes. ¿Qué habría pasado si no existiera la posibilidad de comunicarse de manera virtual, a través de los dispositivos electrónicos? ¿Podría la ausencia de interacción social afectar el desarrollo cerebral de los más jóvenes?

Estas interrogantes se relacionan con el trabajo de un equipo de la Escuela de Mount Sinai, en Nueva York, Estados Unidos, que investigó los efectos del aislamiento social en ratones durante un momento sensible del desarrollo y sus consecuencias en la interacción social que tuvieron en la adultez. Liderado por Lucy Bicks, el estudio fue publicado en la revista *Nature Communication* en 2020 y su objetivo fue investigar los mecanismos moleculares que regulan la maduración de un tipo particular de neuronas y los efectos que tiene sobre ellas la ausencia de interacción social en la adolescencia.

Investigaciones previas en ratones habían demostrado que el aislamiento social en un período crítico del desarrollo trae como consecuencia trastornos conductuales que se expresan en la adultez. Este lapso crítico comprende del día 21 al día 35 desde el nacimiento del ratón –que en los humanos equivale al período desde el destete hasta la adolescencia– y es el momento más sensible a las experiencias que promueven la formación de conexiones entre neuronas, modificando la capacidad de comunicación entre ellas. En ese lapso sensible, en el cerebro de los ratones ocurre la maduración de un área llamada "zona del comportamiento", en la cual proliferan las "interneuronas", que permiten la comunicación entre las distintas regiones cerebrales.

El primer desafío del equipo investigador de Mount Sinai fue demostrar que las interneuronas juegan un rol clave en la interacción social. Para ello, realizaron mediciones en vivo de su actividad en cuatro momentos: cuando el ratón estudiado estaba en reposo; cuando estaba con un objeto inanimado; cuando recibía el acercamiento de otro ratón (interacción pasiva); y, finalmente, cuando él mismo se acercaba a otro roedor (interacción activa).

Para probar su hipótesis, el equipo de Bicks utilizó ratones modificados genéticamente para registrar la actividad de las neuronas de la zona del comportamiento social. Los resultados mostraron que cuando el ratón estaba solo, las interneuronas de esa zona no se activaban. Lo mismo ocurría cuando el animal estaba junto a un objeto inanimado. Pero cuando se acercaba a otro ratón, las interneuronas se ponían en acción incluso desde antes de que ocurriera el contacto social. Esta activación también se daba, pero no con anticipación, cuando el ratón estudiado recibía el acercamiento de un igual.

Los investigadores fueron más allá en el intento de probar la relación entre el comportamiento social y las interneuronas de esa zona. Para ello, utilizaron la técnica llamada optogenética, que permite estimular ciertas neuronas a través de destellos de luz en ratones modificados genéticamente con ese propósito. Uno de estos animales fue puesto en el compartimiento del centro de una caja dividida en tres partes. En la de la derecha pusieron un objeto llamativo y en la de la izquierda a otro ratón. ¿Adónde se dirigió el ratón del centro cuando, por medio de luz, se le activaron las interneuronas de la zona del comportamiento? De inmediato se movió hacia la izquierda en búsqueda de su par.

Por último, el equipo de Lucy Bicks realizó pruebas comparando a dos grupos de roedores. Unos habían sido aislados durante su período juvenil –entre los días 21 y 35 de vida– y otros habían podido compartir con otros ratones durante ese período. En el primer grupo, la red neuronal estudiada disminuía su actividad durante los encuentros activos entre los animales; mientras en el segundo grupo, llamado "de control", ocurría todo lo contrario. Después, se midió la actividad eléctrica de las interneuronas de la zona del comportamiento en el período posterior al día 35 desde el nacimiento. En los ratones de control se observó un aumento progresivo de su actividad, pero en los ratones que se criaron en solitario no se observó ningún cambio. La falta de actividad de estas interneuronas mostró que no estaban realizando adecuadamente su trabajo de crear y mantener las conexiones entre distintos grupos de neuronas en desarrollo. Esto último podría afectar la correcta formación de los circuitos que intervienen en las funciones de socialización.

Los experimentos de Lucy Bicks y su equipo sugieren que se requiere de la experiencia social juvenil para desarrollar una saludable actividad neuronal en la zona del comportamiento en la adultez. Esto quiere decir que la socialización en la adolescencia es indispensable para que en edades posteriores el cerebro se active de modo de impulsar la búsqueda de experiencias sociales. De otro modo, se corre el riesgo de desarrollar conductas antisociales o de aislamiento. Trastornos que presentan déficits en la interacción social, como el del espectro autista o la esquizofrenia, muestran deficiencias en el funcionamiento de estas interneuronas.

Este estudio muestra a la adolescencia como una ventana sensible y única del desarrollo, en la que las experiencias sociales entre pares son fundamentales para la estructuración de las redes neuronales. Por lo mismo, cualquier alteración en el ámbito social durante ese período puede traer consecuencias en la socialización durante la adultez.

En tiempos de pandemia, en que se reduce la oportunidad de experiencias sociales, surge la inquietud de cómo compensar estos espacios, sobre todo en los niños y adolescentes que vieron interrumpidos sus procesos de estudio presenciales, que eran los que les brindaban la mayor oportunidad de contacto con sus pares. Son tiempos en que los jóvenes pasan más tiempo interactuando con una pantalla que compartiendo momentos con sus amigos y amigas. Para estos humanos en desarrollo, al igual que para los ratoncitos del estudio, es fundamental compartir experiencias con otros semejantes. El desafío es crear instancias que faciliten y promuevan esta convivencia.

El reloj cerebral que controla la agresividad

Felipe Tapia

Las primeras señales comienzan al ponerse el sol. El síndrome vespertino –o "sundowning" en inglés– es un cuadro muy frecuente entre los ancianos que tienen las primeras señales del Alzheimer. Se sienten inquietos, confundidos, pueden incluso a llegar a experimentar alucinaciones y arranques de ira, síntomas que podrían explicarse por una desregulación del reloj biológico del cuerpo. ¡Sí!, tenemos un reloj maestro del cuerpo humano y está en el cerebro; el núcleo supraquiasmático, un conjunto de unas 22 mil neuronas cercanas al hipotálamo, es el responsable de coordinar los ciclos circadianos, es decir, los ciclos de sueño y vigilia. Un tema que no es trivial.

Cada vez que se realiza un cambio de hora en nuestro país surge la discusión respecto a los efectos que las alteraciones en los ritmos circadianos pueden tener en nuestro organismo. Es común que se generen problemas por la modificación en las rutinas de sueño, sobre todo de los niños más pequeños, produciendo somnolencia e irritabilidad durante el día. Pero, ¿es posible que los efectos lleguen a niveles mucho más profundos, y que los cambios en los ciclos circadianos puedan influir en patrones de conducta que no relacionamos con la hora del día?

Un equipo de científicos liderados por el Dr. William Todd del Centro Médico Beth Israel Deaconess en Boston, Estados Unidos, descubrió que, en el caso de los ratones, los niveles de agresividad que presentan durante el día están controlados por un circuito cerebral específico liderado por el reloj circadiano central.

La investigación se realizó solo con ratones macho, utilizando un protocolo de estudio llamado "residente e intruso". Se trata de un modelo experimental estandarizado donde se pone a prueba el instinto del macho dueño de un territorio específico que tenderá a atacar y someter a cualquier otro macho que ingrese en este espacio.

En el primer experimento, Todd y sus colaboradores utilizaron videos para registrar la actividad de los animales y cuantificar tres parámetros específicos en la interacción: el número de ataques, el tiempo total que duraba cada uno y el período de tiempo que demoraba el residente en iniciar la primera embestida. Las mediciones se hicieron en distintas horas del día, logrando determinar que en condiciones normales los parámetros de agresividad seguían un patrón que se repetía día a día, con el punto de mayor agresividad en la primera hora de la noche y el menor en la primera hora de la mañana.

Los investigadores querían ir más allá y definir cuál era el circuito encargado de regular el ritmo circadiano de la agresividad. Para ello establecieron dos áreas cerebrales para enfocar sus observaciones. La primera, el núcleo supraquiasmático, el reloj maestro del cuerpo humano, una estructura que se encarga de coordinar las pistas externas del ciclo día-noche (como los niveles de luz ambiental), enviar señales a otras áreas del cerebro y a los demás relojes del organismo para "ponerlos a la hora". La segunda, el núcleo ventro-medial del hipotálamo, un sector que, en base a estudios previos, se ha determinado como responsable de controlar la agresividad en los ratones. Dado que estas dos áreas no se encuentran conectadas entre sí, los investigadores decidieron analizar una tercera área, la llamada zona sub-paraventricular, y determinar si podrían conectarlas de forma indirecta.

Con el fin de probar esta hipótesis y evaluar si esta área era la encargada de la interconexión entre el reloj maestro y el área de la agresividad, los investigadores recurrieron a la optogenética, una técnica que permite activar neuronas modificadas genéticamente en forma selectiva mediante destellos dirigidos de luz. De esta manera, cuando apagaron las neuronas de la posible zona de interconexión, los investigadores advirtieron cambios en el comportamiento de las ratas residentes. En general, los ratones se mostraron más agresivos, pero mostraron niveles más altos de belicosidad a primera hora de la mañana, en contraposición a lo que ocurría antes.

Gracias a la combinación de técnicas avanzadas, el equipo liderado por William Todd caracterizó cada uno de los grupos de células involucrados en el circuito de la agresividad. Descubrieron, por ejemplo, que el segundo grupo de neuronas, las de interconexión, están activas durante las primeras horas de la mañana, el momento en que los ratones son menos agresivos. Además, al desactivar estas neuronas de interconexión en la primera hora de la mañana, el ratón presentaba mayor agresividad en ese horario en vez de en la noche.

Todos estos resultados revelaron que un circuito muy específico, que se encuentra en el reloj maestro del núcleo supraquiasmático y en el área ventro-medial del hipotálamo, controla los niveles de agresividad y que estos niveles muestran una tendencia cíclica de acuerdo a los distintos momentos del día y a las pistas circadianas del ambiente.

¿Es posible que un circuito similar se encuentre en los seres humanos, y por ende que el nivel de agresividad de una persona pueda estar también determinado por la hora del día? A pesar de que en el cerebro de los seres humanos existen las mismas estructuras mencionadas, no necesariamente funcionan de la misma manera que en el ratón. Además, otras estructuras, sobre todo la corteza prefrontal, relacionada con el pensamiento y la toma de decisiones, pueden estar ejerciendo controles sobre las mismas, por lo que el asunto se vuelve mucho más complejo y no es posible dar una respuesta directa a esta pregunta con la evidencia disponible.

Los patrones de conducta observados en los ratones que mostraban más agresividad nocturna coinciden con algunos síntomas del síndrome vespertino de los enfermos con demencia. En la actualidad no existe una explicación respecto a su origen cerebral preciso y, por ende, tampoco un tratamiento efectivo. En el caso de los ratones, la alteración del ritmo circadiano alteró su conducta agresiva de la noche a la mañana, considerando que su ciclo de sueño-vigilia es inverso y que su mayor actividad es de noche. Podría resultar prematuro afirmarlo, pero esta investigación podría entregar algunas pistas sobre el abordaje de un tratamiento del síndrome del ocaso, mejorar sus síntomas y mejorar su calidad de vida.

Por último, este estudio evidencia la necesidad de profundizar en los efectos que los cambios de hora pueden tener sobre nuestro organismo y sobre nuestra conducta, y qué impacto puede llegar a tener sobre nuestra vida diaria tanto en condiciones normales como patológicas, ya que como se evidenció, puede llegar a ribetes mucho más profundos que simplemente tener un poco más de sueño durante el día.

GLOSARIO:

Núcleo ventromedial: es un pequeño grupo de neuronas del hipotálamo considerado como el centro de la saciedad, la sexualidad y la agresividad.

Depresión en adolescentes: también una cuestión de género

Camila González

Tuvo dos intentos de suicidio antes de los 13 años. Martin Luther King, el pastor bautista que luchó por los derechos de los afroamericanos de Estados Unidos tuvo que librar una batalla personal con la depresión. En su biografía relata que se sintió afortunado de pertenecer a una familia "amorosa" y de tener una infancia "cómoda y sin apremios económicos", pero reconoce también, que hubo dos hechos que marcaron su vida y sus proyectos personales. La muerte de su abuela, Jennie Williams, que lo impulsó a tirarse desde el segundo piso de su casa en Atlanta y sentir desde pequeño la experiencia de una sociedad segregada al tener que separarse de su mejor amigo blanco al ingresar a la escuela. Todo ello perfiló su carácter marcado por una extrema sensibilidad. Sorprende saber que el líder del movimiento por los derechos civiles de los afroamericanos que, entre otras cosas, reclamó el derecho a voto y la no discriminación para la población negra de Estados Unidos, conviviera siempre con un sentimiento de profunda soledad y frustración.

Según la Organización Mundial de la Salud (OMS), la depresión es "un trastorno mental frecuente, que se caracteriza por la presencia de tristeza, pérdida de interés o placer, sentimientos de culpa o falta de autoestima, trastornos del sueño o del apetito, sensación de cansancio y falta de concentración". Esta "patología puede llegar a hacerse crónica o recurrente y dificultar el desempeño en el trabajo o la escuela y la capacidad para afrontar la vida diaria; en su forma más grave, puede conducir al suicidio", recalca la OMS.

Estos trastornos emocionales surgen con frecuencia durante la adolescencia. Además de la depresión o la ansiedad, los jóvenes pueden experimentar cuadros de irritabilidad, frustración o enojo. Es en este período cuando el riesgo aumenta y comienzan a aparecer los impedimentos funcionales con el potencial de un impacto a largo plazo.

Las estadísticas muestran un alza preocupante en el número de adolescentes que muestran síntomas de depresión. La mayoría reporta tener problemas para relacionarse con sus pares, la sensación de no ser comprendidos y el sentirse presionados para tener un buen rendimiento académico. Todo ello explicaría, en parte, la razón por la que vemos más jóvenes sumergidos en sí mismos sin poder –o saber– comunicarse con los demás para pedir ayuda o simplemente para desahogarse.

Es muy común pensar que estas actitudes tienen que ver con los cambios hormonales y que, por esta razón, la depresión es más común entre mujeres que en hombres. Como parte de esta creencia popular, se estima que las mujeres entran en la pubertad antes que los varones; que las niñas son "alharacas" o "andan sensibles" y que los niños no deben demostrar emociones porque "no es de hombre".

Ante esta diferencia, un grupo de profesionales de la salud de la Universidad de Pittsburgh, en Estados Unidos, se propuso comprobar si existe un nexo entre la depresión adolescente y el género. El equipo liderado por J. Beslau se centró en estudiar en detalle la aparición de los primeros episodios depresivos en la adolescencia.

Para realizar este estudio, los investigadores examinaron los datos de la "Encuesta nacional sobre el uso de drogas y la salud" realizada durante seis años consecutivos en Estados Unidos, que recogió los antecedentes de más de 100 mil adolescentes de ambos sexos, entre los 12 y 17 años de edad. Un 14 por ciento de este universo presentó algún tipo de depresión, siendo el cuadro más diagnosticado el "primer episodio depresivo reciente", el que pudo haber ocurrido hasta un año antes de realizada la encuesta. Por su parte, un 4,8 por ciento del total manifestó tener un "cuadro de depresión persistente" que se había extendido por más de un año desde la fecha del estudio.

Al hacer un análisis de la realidad experimentada por hombres y mujeres, la investigación de Beslau arrojó importantes diferencias. Un 20,2 por ciento de las mujeres declaró haber tenido algún tipo de trastorno del ánimo, mientras que solo un 8,0 por ciento de los hombres manifestó haber sido diagnosticado con un cuadro similar.

La depresión persistente, en tanto, mostró tener una mayor incidencia en mujeres de 15 años y afectó a un 13,2 por ciento del total. En el caso de los hombres, este cuadro se presentaba a los 17 años, período en el que era diagnosticado el 4,9 de los jóvenes.

De acuerdo a esta investigación, la tendencia entregada por el análisis de los datos mostró que las jóvenes de todas las edades estudiadas presentaban siempre más casos de primeros episodios depresivos que los hombres, tendencia que disminuía a medida que crecían y llegaban a los 17 años. En el caso de los hombres se constató un proceso inverso, es decir, se observaba una incidencia que iba aumentando con la edad, pero siempre en una cifra menor comparada con las mujeres.

¿Cuáles eran las principales preocupaciones de los jóvenes? Los hombres reportaron que sus mayores dificultades se daban en el ambiente familiar y académico, en especial, les afectaba no tener reconocimiento de un profesor cuando estaban haciendo un buen trabajo, lo que iba acompañado por rendimientos académicos paupérrimos. Las mujeres, en contraparte, tenían problemas de socialización que se habían manifestado en peleas con la intención de atacar y dañar a otra persona.

Este estudio también entregó un dato alarmante. Las mujeres que sufrían depresión persistente habían intentado quitarse la vida en una proporción mayor a los varones.

Según la Organización Mundial de la Salud, la depresión es la cuarta causa principal de enfermedad y discapacidad entre los adolescentes de edades comprendidas entre los 15 y los 19 años, en todo el mundo. En Chile, un 17,5 por ciento de la población está diagnosticada con esta enfermedad y entre los adolescentes la prevalencia es de un 7 por ciento.

El estudio de la Universidad de Pittsburgh entrega importantes luces sobre los problemas que aquejan a los adolescentes y si bien demostró que hay mayor incidencia de casos depresivos y actitudes peligrosas entre las mujeres, los hombres tampoco dejaron de presentar signos evidentes de preocupación.

Está en nuestras manos prestar atención, comprensión y apoyo a los jóvenes que lo necesiten, y quizás con mayor contención, puedan vivir con más estabilidad estos años llenos de cambios y experiencias determinantes. También nos plantea el desafío para pensar de qué manera como sociedad logramos seducir a la juventud para que se incorpore activamente a la construcción de una sociedad que reconozca los aportes de todos los estratos etarios.

GLOSARIO:

Primer episodio depresivo: el encuestado informa que la edad del primer episodio depresivo ocurrió en el mismo año en que fue entrevistado.

Depresión persistente: el entrevistado informa haber tenido un episodio depresivo en los últimos doce meses y que se ha extendido por más de un año desde la fecha de realizado el estudio.

Depresión remitida: el encuestado informa que no ha tenido un episodio en los últimos doce meses y que su primer diagnóstico fue hecho hace más de un año.

Así funciona el GPS del cerebro

Tania Dib

Para obtener una licencia de taxista en Londres, los postulantes deben estudiar durante años y rendir un temible examen que contempla memorizar miles de calles y lugares. A comienzos de este siglo, cerca de 3.500 personas rendían al año esa prueba y solo una quinta parte lo aprobaba. El año 2000, un equipo de investigadores del University College London, liderado por Eleanor Maguire, sorprendió al mundo al demostrar que una zona del cerebro de esos taxistas, la parte posterior del hipocampo era más grande que la del resto de las personas. Y, más aún, que esta zona cerebral seguía creciendo en la medida en que ellos continuaban aprendiendo nuevas rutas y calles. Según la investigación, los conductores que tenían 40 años de experiencia a bordo de un "black cab" tenían esa área del cerebro significativamente más amplia en comparación con los que recién se iniciaban en el oficio.

Doce años después, Eleanor Maguire volvió a indagar en ese terreno. Junto a su equipo, hizo un seguimiento a 79 postulantes a ese trabajo y tomó imágenes de sus cerebros al inicio de su preparación. Al comienzo, no hubo diferencias entre ellos, pero tras cuatro años de práctica y de estudio, se demostró que los 39 aspirantes que pasaron el examen tenían un hipocampo posterior mayor que los 40 que no lo aprobaron. Ambos estudios no solo confirman que el hipocampo es la región cerebral que alberga a la memoria espacial sino también son una contundente prueba de la plasticidad del cerebro humano.

Pero no es solo el hipocampo el área involucrada en los procesos de orientación geográfica de las personas. La corteza prefrontal participa también en las decisiones que tomamos para dirigirnos a una determinada dirección. Ambas zonas trabajan en conjunto, ya que están conectadas, lo que les permite transferirse información.

Este tema, en particular, cautivó a un grupo de investigadores de la Universidad de Valparaíso y de la Pontificia Universidad Católica de Chile, encabezados por Ignacio Negrón Oyarzo y Pablo Fuentealba, respectivamente, que se propuso estudiar cómo se comunican estas dos partes del cerebro en el momento de utilizar la memoria espacial. Para ello, utilizaron un test conductual en animales llamado Barnes Maze, cuyo propósito es observar cómo los ratones logran orientarse en el espacio para llegar a una meta que es la vía de escape. Los roedores fueron llevados a una plataforma redonda con dieciséis orificios en su alrededor, uno de los cuales desembocaba en un contenedor de plástico negro que era lugar de escape; este último estaba rodeado de pistas visuales para que los ratones pudieran orientarse hacia él.

Los científicos se propusieron observar qué zonas del cerebro actuaban en forma sincronizada en el proceso de orientación de los roedores. Con ese propósito, midieron sus oscilaciones u ondas cerebrales, que son los cambios periódicos de voltaje eléctrico en las distintas áreas y que se miden a través de electrodos puestos en las zonas a estudiar. Algunas áreas, como el hipocampo, generan oscilaciones que permiten que otras áreas oscilen junto a él, coordinando y sincronizándose; es decir, generando una forma de comunicación.

En este trabajo se descubrió que cuando el ratón estaba a punto de llegar a la meta, su hipocampo oscilaba a una frecuencia de entre 20 a 40 Hertz (ciclos por segundo), llamada frecuencia "gamma bajo", y activaba así a la corteza prefrontal para que oscilara a la misma frecuencia. Cuando ocurría este proceso, los animales alcanzaban la ruta necesaria para alcanzar la vía de escape. Este tipo de comunicación neuronal ocurría solamente cuando el ratón circulaba y se orientaba utilizando pistas visuales.

Los resultados de este trabajo pueden extrapolarse a otras situaciones. Hay evidencias de que las áreas cerebrales mencionadas se ven afectadas con las enfermedades neuropsiquiátricas, en las cuales se presentan alteraciones en procesos como la memoria y la cognición en general. Se ha descrito, por ejemplo, que los pacientes con depresión presentan una disminución en el tamaño del hipocampo, lo que puede afectar la formación de memorias de todo tipo. La corteza prefrontal también presenta fallas en su funcionamiento en los cuadros depresivos.

Trabajos como el de los equipos de la Universidad de Valparaíso y de la Pontificia Universidad Católica de Chile, publicado en la revista *Proceedings of the National Academy of Science* (PNAS), de Estados Unidos, en 2018, muestran el modo en que las distintas partes del cerebro trabajan en forma coordinada para realizar procesos complejos. Sería interesante estudiar, en un futuro próximo, de qué manera esta coordinación se ve afectada cuando se presentan enfermedades neuropsiquiátricas, como la depresión u otras. Ya se ha visto, por ejemplo, que uno de los primeros síntomas de la enfermedad de Alzheimer es sufrir una desorientación espacial y no es poco común que las personas que presentan esta dolencia no logren encontrar el camino de regreso a casa. A veces, esas situaciones son las señales del avance de la enfermedad y marcan el punto de inflexión en que los pacientes comienzan a perder su autonomía. También sería interesante saber qué ocurre a lo largo del tiempo con la salud neurológica de los taxistas de Londres.

GLOSARIO:

Hertz: es la unidad de frecuencia de un fenómeno periódico que indica la cantidad de ciclos que se completan en un segundo.

Hipocampo: está ubicado en la parte interior de cada lóbulo temporal. Entre sus principales funciones está el consolidar los procesos de las memorias espacial y episódica, y del aprendizaje y las emociones.

Corteza prefrontal: es una parte de la corteza cerebral que pertenece al lóbulo frontal y es la más cercana al rostro. Cumple funciones de coordinación de la información que proviene de otras áreas del cerebro. Tiene importancia en los procesos cognitivos, en las funciones ejecutivas y en el control conductual.

Bibliografía

Capítulo I. El cerebro, un hueso duro de roer

1. **La ciencia ficción se hace ciencia real**
   Autor principal del artículo original: Gisella Vetere (2019)
   Título: "Memory formation in the absence of experience"
   Revista: *Nature Neuroscience*

2. **Houston, tenemos un problema: los cambios cerebrales tras un viaje al espacio**
   Autor principal del artículo original: Angelique Van Ombergen (2019)
   Título: "Brain ventricular volume changes induced by long-duration spaceflight"
   Revista: *Proceedings of the National Academy of Sciences*

3. **Neuronas que juegan al "monito mayor"**
   Autor principal del artículo original: Kevin A. Mazurek (2018)
   Título: "Mirror Neuron Populations Represent Sequences of Behavioral Epochs During Both Execution and Observation"
   Revista: *The Journal of Neuroscience*

4. **¿Qué tan inteligentes eran los dinosaurios?**
   Autor principal del artículo original: Martin Brasier (2016)
   Título: "Remarkable preservation of brain tissues in an Early Cretaceous iguanodontian dinosaur"
   Revista: *Apollo - University of Cambridge Repository*

5. **¿Es posible revivir un cerebro?**
   Autor principal del artículo original: Zvonimir Vrselja (2019)
   Título: "Restoration of brain circulation and cellular functions hours post-mortem"
   Revista: *Nature*

6. **Errar es humano y corregirlo... también**
   Autor principal del artículo original: Rinaldo Livio Perri (2016)
   Título: "How the brain prevents a second error in a perceptual decision-making task"
   Revista: *Scientific Reports*

7. **Nacimiento después del nacimiento**
Autor principal del artículo original: Mercedes F. Paredes (2016)
Título: "Extensive migration of young neurons into the infant human frontal lobe"
Revista: *Science*

8. **Dime lo que comes y te diré qué tan inteligente eres**
Autor principal del artículo original: Alex R. DeCasien (2017)
Título: "Primate brain size is predicted by diet but not sociality"
Revista: *Nature Ecology & Evolution*

9. **Las neuronas de la sed**
Autor principal del artículo original: Christopher A. Zimmerman (2016)
Título: "Thirst neurons anticipate the homeostatic consequences of eating and drinking"
Revista: *Nature*

10. **Neurodebate al rojo: ¿Nacen nuevas neuronas en el cerebro adulto?**
Autor principal del artículo original 1: Shawn F. Sorrells (2018)
Título 1: "Human hippocampal neurogenesis drops sharply in children to undetectable levels in adults"
Revista 1: *Nature*
Autor principal del artículo original 2: Maura Boldrini (2018)
Título 2: "Human Hippocampal Neurogenesis Persists Throughout Aging"
Revista 2: *Cell Stem Cell*

11. **Descubren la fábrica de sueños**
Autor principal del artículo original: Francesca Siclari (2017)
Título: "The neural correlates of dreaming"
Revista: *Nature Neuroscience*

12. **La posibilidad de crear nuevas neuronas se hace realidad**
Autor principal del artículo original: Nicola Mattugini (2019)
Título: "Inducing Different Neuronal Subtypes from Astrocytes in the Injured Mouse Cerebral Cortex"
Revista: *Neuron*

13. **En busca del gen de la homosexualidad**
Autor principal del artículo original: Andrea Ganna (2019)
Título: "Large-scale GWAS reveals insights into the genetic architecture of same-sex sexual behavior"
Revista: *Science*

Capítulo II. La naturaleza es sabia

1. **El juego favorito de las ratas**
Autor principal del artículo original: Annika Stefanie Reinhold (2019)
Título: "Behavioral and neural correlates of hide-and-seek in rats"
Revista: *Science*

2. **Los lémures descubren la fórmula de la popularidad**
Autor principal del artículo original: Ipek G. Kulahci (2018)
Título: "Knowledgeable Lemurs Become More Central in Social Networks"
Revista: *Current Biology*

3. **El parásito que promueve el emprendimiento**
Autor principal del artículo original: Stefanie K. Johnson (2018)
Título: "Risky business: linking Toxoplasma gondii infection and entrepreneurship behaviours across individuals and countries"
Revista: *Proceedings of the Royal Society B: Biological Sciences*

4. **Cría cuervos y no te olvidarán**
Autor principal del artículo original: J.J.A. Müller (2017)
Título: "Ravens remember the nature of a single reciprocal interaction sequence over 2 days and even after a month"
Revista: *Animal Behaviour*

5. **Un gusano revela los misterios del sueño**
Autor principal del artículo original: Annika L. A. Nichols (2017)
Título: "A global brain state underlies *C. elegans* sleep behavior"
Revista: *Science*

6. **La misteriosa sensibilidad de las plantas**
Autor principal del artículo original: Masatsugu Toyota (2018)
Título: "Glutamate triggers long-distance, calcium-based plant defense signaling"
Revista: *Science*

7. **Las neuronas de la picazón contagiosa**
Autor principal del artículo original: Yao-Qing Yu (2017)
Título: "Molecular and neural basis of contagious itch behavior in mice"
Revista: *Science*

8. **Los superpoderes de un microorganismo**
Autor principal del artículo original: Martina Sgritta (2018)
Título: "Mechanisms Underlying Microbial-Mediated Changes in Social Behavior in Mouse Models of Autism Spectrum Disorder"
Revista: *Neuron*

9. **Cómo viven los animales la breve noche de los eclipses**
Autor principal del artículo original: Emma M. Brinley Buckley (2018)
Título: "Assessing biological and environmental effects of a total solar eclipse with passive multimodal technologies"
Revista: *Ecological Indicators*

10. **Sí, se puede dormir sin un cerebro**
Autor principal del artículo original: Ravi D. Nath (2017)
Título: "The jellyfish Cassiopea exhibits a sleep-like state"
Revista: *Current Biology*

11. **¿Qué tienen en común los ostiones y los telescopios?**
Autor principal del artículo original: Benjamin A. Palmer (2017)

Título: "The image-forming mirror in the eye of the scallop"
Revista: *Science*

12. **El encanto del efecto Doppler**
Autor principal del artículo original: Christopher J. Clark (2018)
Título: "Strategic Acoustic Control of a Hummingbird Courtship Dive"
Revista: *Current Biology*

Capítulo III. No solo de trabajo vive el hombre

1. **¡Cuidado! el celular modifica tu cerebro**
Autor principal del artículo original: Juliane Horvath (2020)
Título: "Structural and functional correlates of smartphone addiction"
Revista: *Addictive Behaviors*

2. **Pulpos en estado de éxtasis**
Autor principal del artículo original: Eric Edsinger (2018)
Título: "A Conserved Role for Serotonergic Neurotransmission in Mediating Social Behavior in Octopus"
Revista: *Current Biology*

3. **Decomiso ancestral en la Cueva del Chileno**
Autor principal del artículo original: Melanie J. Miller (2019)
Título: "Chemical evidence for the use of multiple psychotropic plants in a 1,000-year-old ritual bundle from South America"
Revista: *Proceedings of the National Academy of Sciences*

4. **Identifican el mapa cerebral del orgasmo femenino**
Autor principal del artículo original: Nan J. Wise (2017)
Título: "Brain Activity Unique to Orgasm in Women: An fMRI Analysis"
Revista: *The Journal of Sexual Medicine*

5. **Factores socioculturales conspiran contra el orgasmo**
Autor principal del artículo original: David A. Frederick (2018)
Título: "Differences in Orgasm Frequency Among Gay, Lesbian, Bisexual, and Heterosexual Men and Women in a U.S. National Sample"
Revista: *Archives of Sexual Behavior*

6. **Internet está cambiando la forma en que pensamos**
Autor principal del artículo original: Joseph Firth (2019)
Título: "The "online brain": how the Internet may be changing our cognition"
Revista: *World Psychiatry*

7. **¿Por qué a veces no podemos parar de comer?**
Autor principal del artículo original: J. Andrew Hardaway (2019)
Título: "Central Amygdala Prepronociceptin-Expressing Neurons Mediate Palatable Food Consumption and Reward"
Revista: *Neuron*

8. **La ciencia devela los efectos espirituales de la ayahuasca**
Autor principal del artículo original: Marta Valle (2016)
Título: "Inhibition of alpha oscillations through serotonin-2A receptor activation underlies the visual effects of ayahuasca in humans"
Revista: *European Neuropsychopharmacology*

9. **Hongos mágicos para combatir la depresión**
Autor principal del artículo original: Robin Carhart-Harris (2017)
Título: "Psilocybin for treatment-resistant depression: fMRI-measured brain mechanisms"
Revista: *Scientific Reports*

Capítulo IV. Mente sana en cuerpo sano

1. **El coronavirus también ataca al cerebro**
Autor principal del artículo original 1: Ling Mao (2020)
Título 1: "Neurologic Manifestations of Hospitalized Patients with Coronavirus Disease 2019 in Wuhan, China"
Revista 1: *JAMA Neurology*
Autor principal del artículo original 2: Julie Helms (2020)
Título 2: "Neurologic Features in Severe SARS-CoV-2 Infection"
Revista 2: *The New England Journal of Medicine*
Autor principal del artículo original 3: Cristina Menni (2020)
Título 3: "Real-time tracking of self-reported symptoms to predict potential COVID-19"
Revista 3: *Nature*

2. **Los misterios que esconden las fobias**
Autor principal del artículo original 1: Stefanie Hoehl (2017)
Título 1: "Itsy Bitsy Spider...: Infants React with Increased Arousal to Spiders and Snakes"
Revista 1: *Frontiers in Psychology*
Autor principal del artículo original 2: Wenceslao Peñate (2017)
Título 2: "A meta-analytic review of neuroimaging studies of specific phobia to small animals"
Revista 2: *The European Journal of Psychiatry*
Autor principal del artículo original 3: Paul Siegel (2017)
Título 3: "Less is more: Neural activity during very brief and clearly visible exposure to phobic stimuli"
Revista 3: *Human Brain Mapping*
Autor principal del artículo original 4: Masahito Nakataki (2017)
Título 4: "Glucocorticoid Administration Improves Aberrant Fear-Processing Networks in Spider Phobia"
Revista 4: *Nature*
Autor principal del artículo original 5: Cristina Botella (2017)
Título 5: "Recent Progress in Virtual Reality Exposure Therapy for Phobias: A Systematic Review"
Revista 5: *Anxiety Disorders*

Autor principal del artículo original 6: Benjamín Vicente (2016)
Título 6: "Prevalencias y Brechas Hoy; Salud Mental Mañana"
Revista 6: *Acta Bioethica*

3. **Ejercitar para recordar**
Autor principal del artículo original 1: Takashi Tarumi (2019)
Título 1: "Exercise Training in Amnestic Mild Cognitive Impairment: A One-Year Randomized Controlled Trial"
Revista 1: *Journal of Alzheimer's Disease*
Autor principal del artículo original 2: Baixia Li (2019)
Título 2: "Interval and continuous exercise overcome memory deficits related to β-Amyloid accumulation through modulating mitochondrial dynamics"
Revista 2: *Behavioural Brain Research*

4. **Las miniserpientes que prometen salvar vidas**
Autor principal del artículo original: Yoonho Kim (2019)
Título: "Ferromagnetic soft continuum robots"
Revista: *Science Robotics*

5. **El lado oscuro de la luz azul**
Autor principal del artículo original: Maho Nakamura (2018)
Título: "Exposure to excessive blue LED light damages retinal pigment epithelium and photoreceptors of pigmented mice"
Revista: *Experimental Eye Research*

6. **¿Se puede vivir con medio cerebro?**
Autor principal del artículo original: Dorit Kliemann (2019)
Título: "Intrinsic Functional Connectivity of the Brain in Adults with a Single Cerebral Hemisphere"
Revista: *Cell Reports*

7. **Un algoritmo ayuda a diagnosticar la esquizofrenia**
Autor principal del artículo original: Bo Cao (2018)
Título: "Treatment response prediction and individualized identification of first-episode drug-naïve schizophrenia using brain functional connectivity"
Revista: *Molecular Psychiatry*

8. **El padre también cuenta: 50 y 50**
Autor principal del artículo original: Deirdre M. McCarthy (2018)
Título: "Nicotine exposure of male mice produces behavioral impairment in multiple generations of descendants"
Revista: *PLoS Biology*

9. **¿Una infección intestinal puede provocar Parkinson?**
Autor principal del artículo original: Diana Matheoud (2019)
Título: "Intestinal infection triggers Parkinson's disease-like symptoms in $Pink1^{-/-}$ mice"
Revista: *Nature*

10. **Los ojos biónicos se hacen realidad**
Autor principal del artículo original: Sung Hyun Park (2018)

Título: "3D Printed Polymer Photodetectors"
Revista: *Advanced Materials*

11. **La hormona que hace retroceder al deterioro cerebral**
Autor principal del artículo original: Rubén Corpas (2017)
Título: "Proinsulin protects against age-related cognitive loss through anti-inflammatory convergent pathways"
Revista: *Neuropharmacology*

12. **¿Cesárea o parto natural? Al cerebro no le da lo mismo**
Autor principal del artículo original 1: Alexandra Castillo-Ruiz (2018)
Título 1: "Birth delivery mode alters perinatal cell death in the mouse brain"
Revista 1: *Proceedings of the National Academy of Sciences*
Autor principal del artículo original 2: Ana Pilar Betrán (2016)
Título 2: "The Increasing Trend in Caesarean Section Rates: Global, Regional and National Estimates: 1990-2014"
Revista 2: *PLoS ONE*
Autor principal del artículo original 3: OMS, HRP (2015)
Título 3: "Declaración de la OMS sobre tasas de cesárea"
Sitio 3: *Organización Mundial de la Salud*

13. **Distintas versiones para un mismo olor**
Autor principal del artículo original: Yaara Endevelt-Shapira (2018)
Título: "Altered responses to social chemosignals in autism spectrum disorder"
Revista: *Nature Neuroscience*

14. **Cerebros con Alzheimer pueden regenerar neuronas**
Autor principal del artículo original: Elena P. Moreno-Jiménez (2019)
Título: "Adult hippocampal neurogenesis is abundant in neurologically healthy subjects and drops sharply in patients with Alzheimer's disease"
Revista: *Nature Medicine*

15. **Demencia y COVID 19: una relación peligrosa**
Autor principal del artículo original: Chia-Ling Kuo (2020)
Título: "APOE e4 Genotype Predicts Severe COVID-19 in the UK Biobank Community Cohort"
Revista: *The Journals of Gerontology*

16. **Dientes y papilas gustativas tendrían origen común**
Autor principal del artículo original: Ryan F. Bloomquist (2015)
Título: "Coevolutionary patterning of teeth and taste buds"
Revista: *Proceedings of the National Academy of Sciences*

Capítulo V. Ojos vemos, corazones no sabemos

1. **La magia de la música triste**
Autor principal del artículo original: Liila Taruffi (2017)

Título: "Effects of Sad and Happy Music on Mind-Wandering and the Default Mode Network"
Revista: *Scientific Reports*

2. **Bullying, el acoso físico y sicológico como antesala de la depresión**
Autor principal del artículo original: Man Li (2018)
Título: "An Improved Model of Physical and Emotional Social Defeat: Different Effects on Social Behavior and Body Weight of Adolescent Mice by Interaction with Social Support"
Revista: *Frontiers in Psychiatry*

3. **Niño estresado, ¿adulto depresivo?**
Autor principal del artículo original: Catherine J. Peña (2017)
Título: "Early life stress confers lifelong stress susceptibility in mice via ventral tegmental area OTX2"
Revista: *Science*

4. **La importancia de un plan B**
Autor principal del artículo original: Le Xiao (2018)
Título: "Lateral Habenula Instructs Behaviors Using Cues for the Lack of Reward"
Revista: *The Journal of Neuroscience*

5. **La soledad, una amenaza para el desarrollo cerebral**
Autor principal del artículo original: Lucy K. Bicks (2020)
Título: "Prefrontal parvalbumin interneurons require juvenile social experience to establish adult social behavior"
Revista: *Nature Communications*

6. **El reloj cerebral que controla la agresividad**
Autor principal del artículo original: William D. Todd (2018)
Título: "A hypothalamic circuit for the circadian control of aggression"
Revista: *Nature Neuroscience*

7. **Depresión en adolescentes: también una cuestión de género**
Autor principal del artículo original: Joshua Breslau (2017)
Título: "Sex differences in recent first-onset depression in an epidemiological sample of adolescents"
Revista: *Translational Psychiatry*

8. **Así funciona el GPS del cerebro**
Autor principal del artículo original: Ignacio Negrón-Oyarzo (2018)
Título: "Coordinated prefrontal–hippocampal activity and navigation strategy-related prefrontal firing during spatial memory formation"
Revista: *Proceedings of the National Academy of Sciences*

www.ingramcontent.com/pod-product-compliance
Lightning Source LLC
LaVergne TN
LVHW060308051026
849517LV00003B/1026
* 9 7 8 9 5 6 3 2 4 8 2 1 0 *